JN040711

漢道《おとこみち》

コムドットひゅうが

KODANSHA

漢《おとこ》道《みち》

コムドットひゅうが

KODANSHA

はじめに

はじめまして！　ひゅうがです！

まずは、今この挨拶を読んでくれているあなたが僕は大好きです！
手に取ってくれて本当に嬉しいです！
ネットで調べて買ってくれたのかな、
店頭に足を運んでくれたのかな、
友達に勧められて買ってくれたのかな、
なんてこの文章を読んでくれている人のことを想像しながら書いています。
そんな風に考えてるから、
ついつい今読んでくれているあなたに対して愛情を抱いてしまっています！

この本は、そんな単純で、真っ直ぐ明るく生きている
「渡辺彪雅」というポジティブ野郎が
世の中にある悲しさ、寂しさ、孤独、不安っていう感情たちに

少しでも温かい言葉をかけてあげたいな、
読んでくれる人の心が少しでも軽くなればいいなと
思いながら書いた一冊です。

この本が皆さんに届く前に改めて読み返したところ、
これはまさかだったんですけど、僕の言葉に、
僕自身が心を動かされてしまいました。
これは正直驚きです。

「おいおい、これ、最高の一冊じゃねえか」と、
ついボソッと言ってしまいました（笑）。

初書籍の『漢道《おとこみち》』すっごく気に入っています！
僕の大好きな一冊です。

今から次のページに進むみんなの心に、
僕の言葉が届いてくれたら嬉しいです。
それでは読んでいきますＳＨＯＷ!!

「笑っていてほしい」
「笑っていたい」
それが、俺が生きる理由

座右の銘は、

「自分の大好きな人達と沢山時間を過ごす」こと

「長生き」は長く生きてるかじゃなくて、どれだけ濃く生きてるか

渡辺彪雅。
いい名前もらったからには
いい生き方するよ

人生最高すぎてマジずっと生きていたい

自分達に絶大な自信を持ってます。
自信過剰くらいが人生楽しい

何をするかじゃなくて誰といるか。
それを大事にしてる

嫉妬という感情をどう使うかが大事。
悪口にするのか、
自分はできないし羨ましいなと思うのか。
はたまたそれをバネにして、自分も同じステージに上がるのか

一つの考え方で人生は大きく変わる。

考えて言葉を届けることができる
人間に生まれたなら、
言葉は考えてから扱うべきだ

自分の中で持つべきプライドと
捨てるべき邪魔なプライドを見分けられる人は強い。
余計なプライドは捨てて、
大切にしている部分はとことん貫こう

他人に「こう思われたい」ではなく、
自分が「かっこいい」と思える自分でいたい

大切なのは
1週間後でも、
1カ月後でも、 1年後でもない。
「今日」

何か言ったら何か言われるかもしれないと
思って何も言えないのなら、
有名になった意味がない。
YouTubeを始めた頃の自分に
恥をかかせたくない。
だから素直な気持ちを発信し続ける。
たとえ文句を言われても
外野は黙れとは思わないけど、
外野の話を聞く気はない

人生の選択において迷ったら

最終的に自分の心に出てきた
シンプルな気持ちを優先するべき。

難しく考えるから物事は難しく感じる。
シンプルでいいんだよ。
今、悩んでることをシンプルに自分の心に問うてみてほしい。
今、心に一番に出てきた言葉、考えが、
あなたがしたいことであり、言いたいことです。

シンプルにいこう

人はお腹が空いたらご飯を食べたり
眠くなったら寝たりして体を無意識に大切にするのに、
悲しくなっても泣くのを我慢したり、
嬉しいのに喜ぶのを我慢したり、
ムカついてるのに怒るのを我慢したりします。
もうちょっと体だけじゃなくて
心にも優しくするべきなのかなと思います。

体にも心にも平等にね

大人になるにつれ色んなことに慣れてしまい
喜びを忘れてしまう。
幸せになりたい人は**小さな幸せを大切に**しよう

ちっちゃいことでもやってみよう。
それが自分の人生、大きく変えるかもしれない

自分の人生が最悪なのか最高なのかを決める権利は
自分にあると思う。
そう思っている俺からしたら最高にしかなりようがない。
全ての最終決定は、自分

この地球は優しい人がすごく好かれる世の中だ。

それは優しくない人が世の中に沢山いるからで、

比較対象がなければ

優しさなんてものに気づくことすらできないのが人間だ。

当たり前に感じていることが多すぎるこの世界の

「当たり前」に目を向けられる人間を、

僕は優しい人だなぁと思う

DEPARTAMENTO
NIRVANA

今思えば
僕を焦らせて、たぎらせて、
ケツに火をつけてくれるのは
いつもやまとです。
人間としてはすごく未熟に見えるのに、
沢山の人を魅了してしまうのがやまとです。
正直やまとはすげえいい奴です。
裏表のない最高な奴です。
俺より全然いい奴です

俺の周りにいる人達は全員幸せにしたい！
俺の笑顔は
みんなのことを幸せにしてるらしい。
愛情には愛情で

一生よろしく！
この言葉は、僕が本当に好きな友達に伝える言葉。
この言葉を使った相手だけは
何があっても裏切りたくない。
みんなが大事にしている言葉とか聞かせてほしい。
俺は「一生よろしく」

今が死ぬほど楽しくて
これからも死ぬほど楽しんで
ずっと笑いまくってる人生にする。
大抵のことは笑って楽しんでればなんとかなる。
なんとかならないことは笑って楽しんでなんとかする。

「この人達、日本獲りそうじゃね？」
この雰囲気を出す
この雰囲気を感じてもらう
それが大事。
コムドットはそれができる。
コムドットってグループに属して
中からも外からもコムドットを見てる俺が心の底から思う

きついことがある人は誰かに話そう。

もしそれをできる相手がいないなら

ここで俺に話してほしい。

そのために、顔も素性も知られないまま人と話せるＳＮＳというものがある。

使い方が大事だ。

「匿名」という武器をどう使うか。

アンチをするか、幸せな言葉を発信するか。

ＳＮＳの良さを忘れないでください

人は元々悪い人の方が少ない。
けど歳を重ねるにつれ、周りの環境が良くない人格を作る場合がある。
元々あんなにいい子だったのに、久々に会ったら
「なんだこの性格の悪い奴は」ってなるパターンもある。
それほどに、人は善にも悪にも影響されると思う。
流れるならいい方向へ。
悪い方向に流れてしまわないでね

道を大きめに踏み外した。踏み外した先も案外気に入ってる。最近どうしたら優しくなれるのか聞かれる。自分に優しくして自分を大切にすることが、人に優しくする最善の近道だと思う

生きてるだけでも大変なんだから。
自分で自分のプラスになることばっかりして
楽しくしちゃお

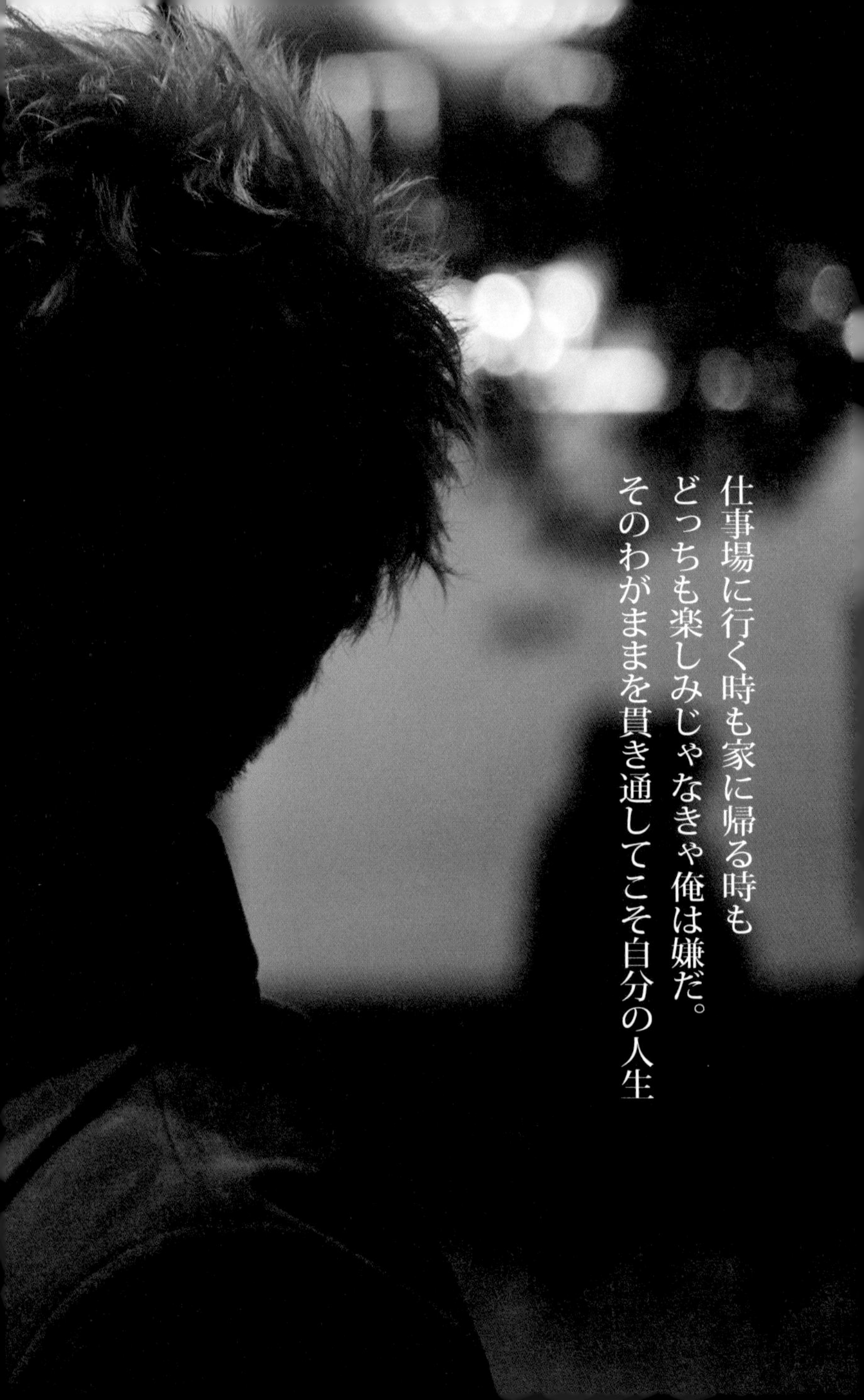

仕事場に行く時も家に帰る時も
どっちも楽しみじゃなきゃ俺は嫌だ。
そのわがままを貫き通してこそ自分の人生

自分を大事にしてから
周りに目を向けるべき。
自分を大切にしてたら
自ずと周りも大切にできるようになる。
まずは自分

みんなが思ってるよりクソみたいな
人生です。
けどみんなが思ってるよりクソみた
いに人生楽しいです

何気ない日常を意味のある大切な1日に

自分の中に
マイナスな感情が生まれないように
言動している。

正義感とかじゃない。
感謝されたいわけでもない。
全部、自分のため。
だから、ブレずにいられる

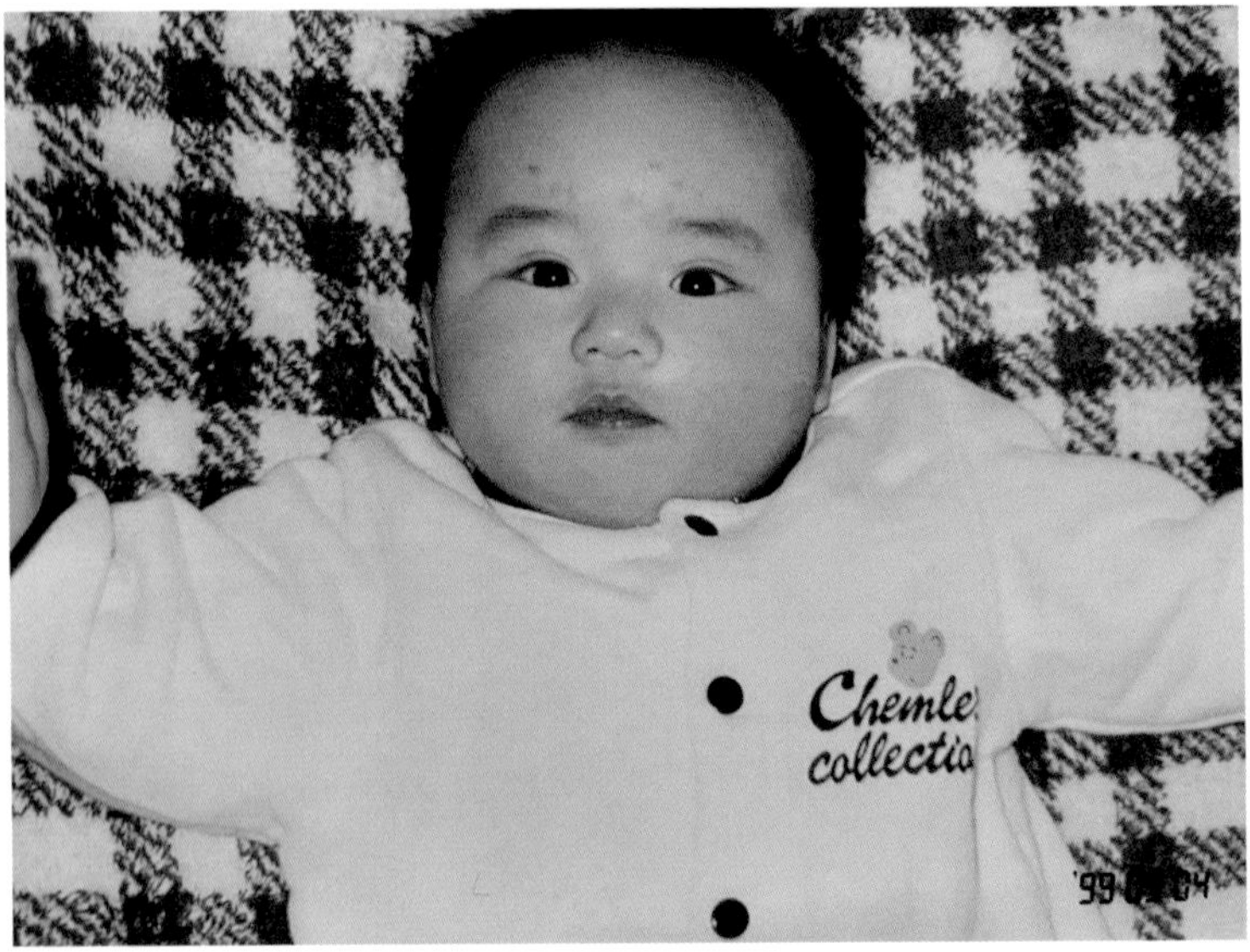

何があっても味方でいてくれるから、母ちゃんって。だから死ぬほど大切にするって決めている。そんな無敵の母ちゃんがいるから俺は無敵でいられる

笑うために、学校行ってたよ

こは3F甲板

母ちゃんは大事にしよう。
母親が言うことが間違ってる時もある。
けど愛がない時なんて一回もない。
とにかく死ぬほど大事にしよう！
母ちゃんは世界最強の味方

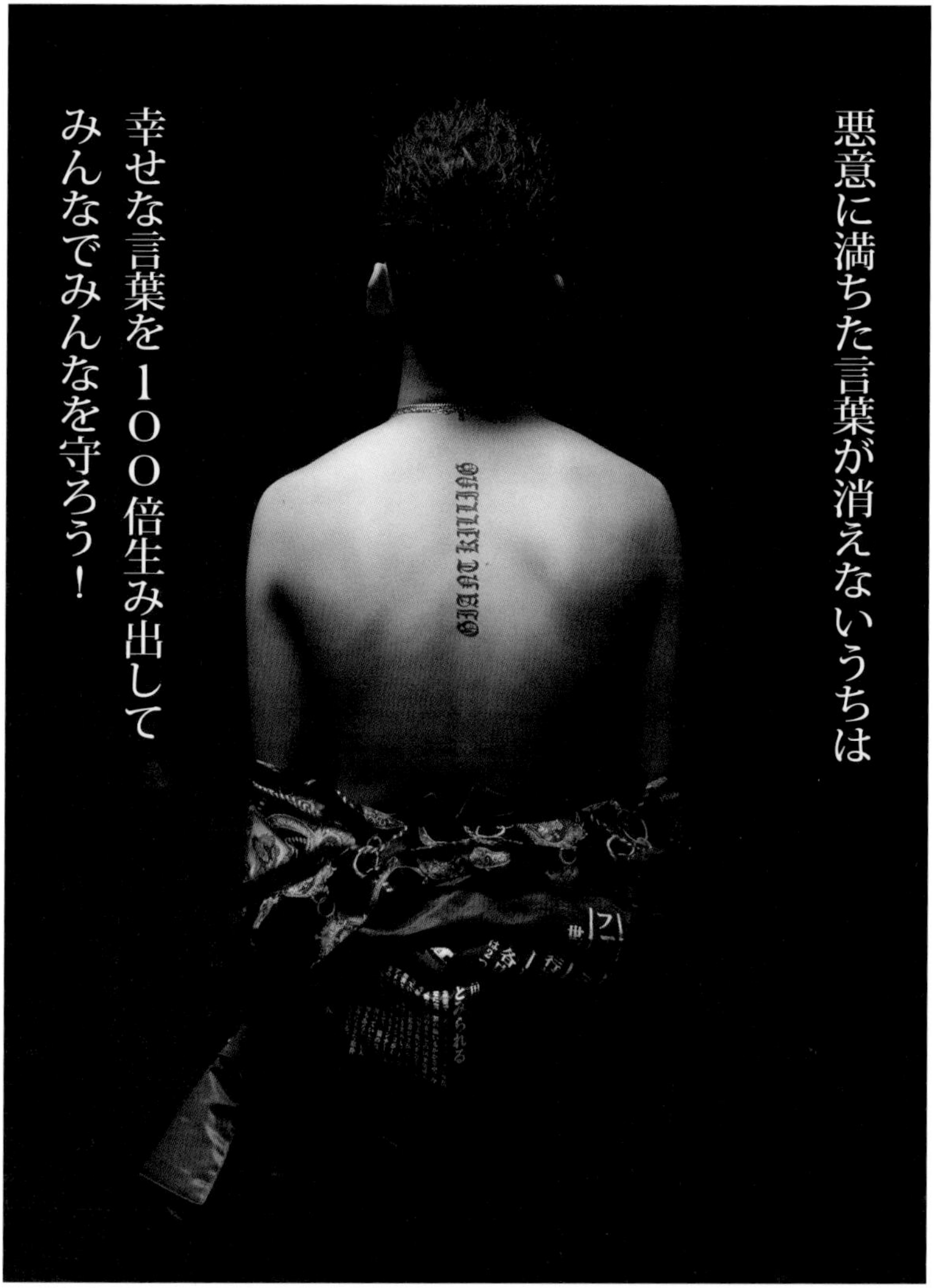
悪意に満ちた言葉が消えないうちは
幸せな言葉を１００倍生み出して
みんなでみんなを守ろう！

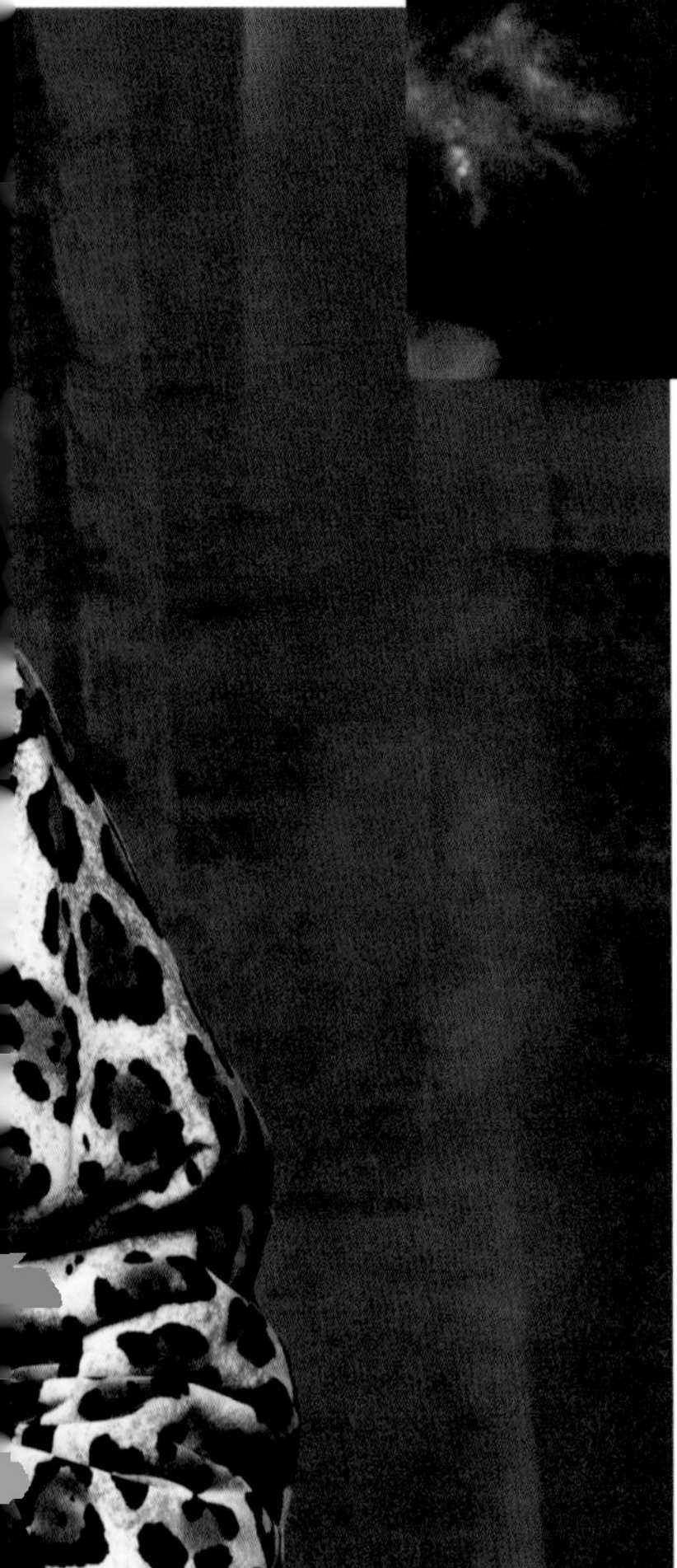

「いつまでも若く」

この言葉は心のためにある気がする。

見た目にどんなにお金をかけようが
ずっと同じでいることができないのが人間。

人間が唯一変えずに生きていける部分が心

お金がなくたって人は若くいられる。

俺の周りで一番若い心を持ってるのは50歳を過ぎた母親。

最高の親に育てられた

お金は、「防御力」。
大切な人を守るもの。

僕がお金を使うのは
自分のためというよりは
大切な人のため。

マインドは常に「攻撃モード」でいたいから

頑張ればいいってもんじゃない。
その頑張りを認めてもらえるように
工夫するべき。
だからこそ自分を認めて
信じてくれる人を大切に！
頑張りを認めるのは自分じゃなくて他人。
認めて信じてくれる人の期待に応える

全部決めてそのために死ぬほど努力するべき。
できると思い込め。
やる気になればなんでもできる

負けるから、できないからって
自分の好きなことをやろうともしない奴。
好きな人にどうせ振られるからって告白しない奴。
どうせ振られるなら気持ちを伝えた方がいいに決まってる。
できないからって諦めるな。
そんな姿勢を見て好きになってくれる人、
褒めてくれる人は必ずいる！

何かを手に入れるためにする
努力の熱量と
それを失わないために
努力する熱量は
等しくあるべきだ

イタイ人生が一番楽しい。
人生一度きり、
死ぬほど調子乗って生きる。
母よ、なるべく長く生きろ。
ここから俺が死ぬほど人生楽しませるから。
この自己満で周り全員幸せにできたらいいな

【渡辺彪雅を表すキーワード5つ】

「1.ポジティブ」

……。

5つもなかった。

これだけだった。

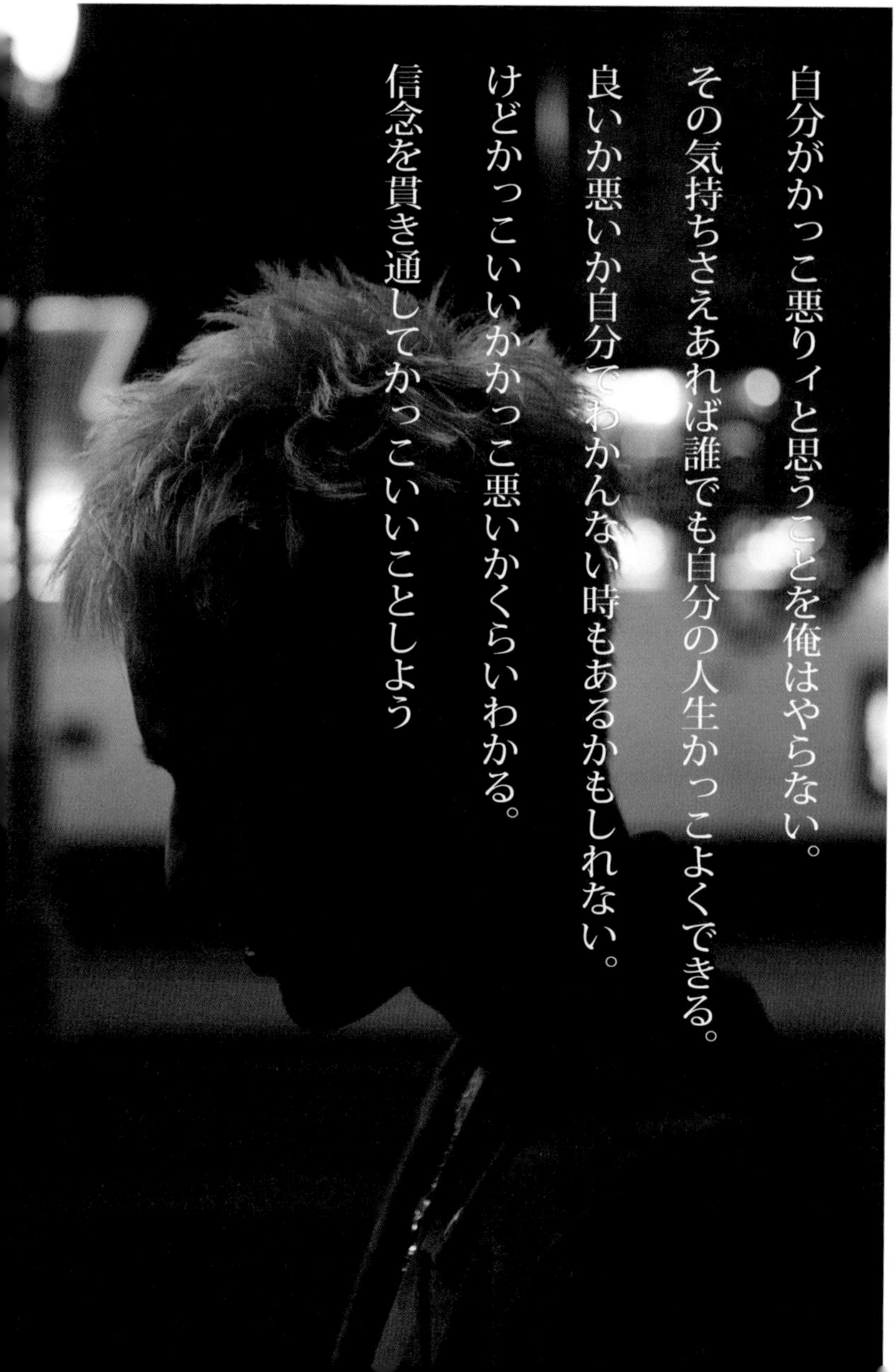

自分がかっこ悪りィと思うことを俺はやらない。
その気持ちさえあれば誰でも自分の人生かっこよくできる。
良いか悪いか自分でわかんない時もあるかもしれない。
けどかっこいいかかっこ悪いかくらいわかる。
信念を貫き通してかっこいいことしよう

#1 お母さんに最初で最後に怒られた日

僕のお母さんは本当に優しい人で、昔から勉強をしなくても、夜遅くまで遊んでいても全く怒らない人でした。

今思えば、なんであんなに怒られなかったんだろうと不思議になるくらいです。

けどそんなお母さんに唯一、すごく怖い顔で怒られた出来事があります。

僕が通っていた幼稚園の女の子に悪口を言ったか、なにかその子にとってよくないことをしてしまったか、彼女を泣かせてしまった日がありました。

その日、お母さんに幼稚園から連絡がいき、その事実を知ったお母さんは、僕が初めて見るようなとても怖い顔をして怒っていました。

「女の子を傷つけることは、どんなことがあっても絶対にしちゃいけないよ！」

「大きな声を出したり、痛いことをしたり、悪口を言ったりしたら絶対にダメだよ！」

そんな内容でした。

それまではどんなにイタズラをしても、部屋を泥だらけにしても、ご飯をこぼしても怒らなかったお母さんが、とても怖い顔で怒っていたので、僕は本当に悪いことをしてしまったんだと反省した記憶があります。

大人になってから「どうしてあのとき、お母さんはあんなに怒ったの？」と聞いたら、「お母さんも小さい時に男の子に鉛筆で背中を刺されたり、嫌がらせをされたりしたことがあって、遊びだと思ってふざけていたその子達の行動が今でも嫌な思い出として残っているから、ひゅうがには、そんな風に女の子の思い出に傷をつけてほしくないんだよ」と優しく話してくれました。

僕は本当にその通りだなと思い、今でも「女の子には絶対に優しくしなければならない」と思いながら接しています。おばあちゃんでも、赤ちゃんでも、僕にとっては全員が〝女の子〟だと思って大事にしています。

あと、お母さんは『ワンピース』の推しはサンジだったみたいです。

それもあっての教育かなとも思います（笑）。

#2 家族でも、友達でも常に「繋ぎ役」「緩衝材」

僕は、家族といても、友達といても、どこにいても、その人達の仲が壊れないように、関係が崩れないようにと、振る舞ってしまう節があります。

小さい頃からお母さんとお父さんに仲良くしてほしいなとか、お兄ちゃんとお母さんに仲良くしてほしいなとかそういう気持ちが強くて、人と人がぶつかるのを未然に防ごうとしてしまうような子供でした。

家族の中でそんなポジションで育ってきたからこそ、友達というグループに入った時も同じような動きを無意識にしてしまいます。うまく止めてしまいます、驚くほどに。「このままだと、あいつとあいつが喧嘩するな」って気づいてしまうし、そうならないように止められてしまうんです。

僕と同じようなポジションの人は、きっと僕のように器用で安定した性格になってしまうような気がしています。

#3 感謝は「想像力」

小さい頃、親父がくれたクリスマスプレゼントがビー玉コースターだった時、「俺はこんなの欲しくない！　こんなのいらない！」と思い、箱も開けずに不貞腐れました。

その時の僕は、ゲームボーイが欲しかった。

けど今なら「ビー玉コースターが嬉しいだろうな、ひゅうがなら」と思い、仕事帰りにトイザらスにわざわざ寄って、プレゼント用の包装をしてくださいとお願いしている親父の姿が想像できる。


その頃は嫌だった出来事が、歳を重ねるにつれ、愛おしい思い出に変わる。

人への感謝は想像力だ。

#4 「好きなことで生きていく」ではなく「好きな人と生きていく」

僕は空間に1人っきりでいること、1人で何かをすることがすごく苦手です。日常生活において1人でいる時間は車移動の時間だけと言っても過言ではないくらい、絶えず誰かと一緒にいるタイプです。周りからは、究極の寂しがり屋に見えていると思います（笑）。コムドットでの活動はいつも友達5人で一緒にいられるので楽しいし、最高の気分でいつも動画を撮ったり、外部の仕事をしたりできています。

僕にとっての天職は、YouTubeというよりも「コムドット」なんです。YouTuberも本当に素敵な仕事で、もちろん今はこの仕事が大好きです。応援してくれるファンの方がいて、自分達でやりたいことを自分達で考えて発信することができるなんて、本当にこれ以上にない仕事だと思います。そして僕はその最高の仕事に、友達と一緒という、とんでもない特典が付いた状態で毎日を過ごしています。もう幸せで仕方がないです。

僕の人生は、「好きなことで生きていく」ではなく「好きな人と生きていく」こんな感じです。僕にとっては何がしたいかは後に来るもので、「こいつと一緒にいたい！」「こいつと笑っていたい！」「こいつと仕事したい！」そんな気持ちで生きています。だから僕は今、とてつもなく幸せなんです。好きな人と生きているから。

#5 わがままボーイ

僕は、世間的には必要でも自分が勉強したくなかったらしなかったし、やりたくないことは絶対にやらなかった、そんな不器用で下手くそな生き方をしています。好きなことばかりやりたがって、それを無理やり通してきた結果が、今の僕の人生を作っています。

僕は自分の人生が楽しくて仕方ないです。一生、この人生が続けばいいなと思います。

才能があるとか、努力をしたとか、運がよかったとか色んな理由で僕が人生を楽しんでるように見えるかもしれません。けど僕がこんなに楽しい人生を送れているのは、自分に〝わがまま〟だったからだと思います。

色んなことを我慢する力はあります。イライラしても怒らないようにできます。売れるためなら頭を下げて、嫌なことを言われても耐えられます。けど自分の人生を楽しいものにしたいという気持ちには、めちゃめちゃわがままなんです。

絶対楽しんでやる！　絶対幸せになってやる！　僕の人生最高にしてやる！　そんな風に自分の気持ちにだけわがままに生きてきた結果が、僕の今の人生です。これからも自分の人生にだけはわがままを貫き通して生きていきたいと思います。

#6 成績はALL「もう少し」

僕は小学生、中学生と全く勉強というものに打ち込めませんでした！　今思うと本当に勉強が嫌いすぎて、苦手とかじゃなくて一種の病なんじゃないかと疑うほどです（笑）。

小学生の頃は授業中に教科書を机の上に出すことすらなく、机の中に隠して漫画を読んだり、PSPを持ち込んでモンハンというゲームをしたり、教室から抜け出してしまったりと、本当に勉強が嫌で、「机に座ってることができればいい方だ、ひゅうがは！」なんて言われてしまうような、どうしようもないクソガキでした。

けれど、当時の僕はクソガキのつもりなんて一切なかったです。みんなが授業中に黒板を写すのに必死になるように、僕もどうやったらバレずに漫画を読めるかとか、どうやったら居残り勉強させられずに家に帰れるか、友達と遊びに行けるかを必死になって考えていました。

僕はみんなが勉強に必死になっている間、自分の大好きな遊びに必死になっていました。

お母さんには、「俺は、勉強なんて意味ないからしないし、する意味があると思うことしかしない！」なんて真剣な顔をして宣言していた気がします。大人になって思い出すと、ほんとアホな小学生だな、なんて思ったりします（笑）。そんな時、僕のお母さんは「じゃあ好きなことはサボらずちゃんとやらないとね！」と返事をしてきて、僕が当時習っていた大好きな野球をサボろうとすると「ひゅうがが好きでやりたいって言って始めたことはサボったらダメじゃない？」と、少し怖い顔で言われた記憶があります。

僕はそんなお母さんの考え方が大好きで、居心地が良くて、幼い頃からすごくのびのびと好きなことに体力と気持ちをつぎ込むことができました。

「勉強はしない」と言い放った僕に、前向きに明るく接し続けてくれたお母さんがいてくれたから今の僕があると思うと、すごくありがたいなと思います。

小学生の頃はとにかく遊ぶことや好きなことならなんでも全力で取り組む、周りから見たらどうしようもないクソガキでした。そして僕は小学5年生の頃に学区外に引っ越してしまったため、小学校の友達がみんな行く地元の中学校には行くことができませんでした。

さて、ここからが僕にとって最高の出会いをさせてくれた、中学校生活の話です！

僕は小学生の友達全員と違う中学に通わなければならないという点で、最悪の中学校生活がスタートしたと感じていました。「あんなに沢山いた友達がこの先3年間は別の学校なんだ」と思った時に当時中学1年生で、まだまだ小学生の時の名残もあるクソガキ中のクソガキだった僕は、とある作戦を思いつき、それを1人で実行することにしました。

その作戦とは、「今の中学校で僕が不登校になれば、小学校時代の友達が通っている中学校になんとか転校できるんじゃないか」というものでした。中学1年生なりに僕は必死でした。勉強をするのが大嫌いで、頭を使って考えるのが大嫌いだった僕が頑張って考えた結果、出てきた作戦でした。そして僕は思いついたらすぐに実行するタイプなので、入学式の次の日に早速その作戦を開始しました。

朝、お母さんに面と向かって「学校に行きたくない！」とはどうしても言いづらくて、僕はいつも通りに学校に間に合う時間に家を出ました。そして当時住んでいたマンションの1階のロビーの角に身を潜め、マンションの住人が通るたびにハラハラしながら隠れていました。もし学校から「ひゅうが君が来ていないですよ」と連絡がいったとしても、まさかマンションを出ずにロビーにいるとは思わないだろうと思いついて隠れた場所だったので、自信満々で作戦を成功させるつもりでした。

しかし家を出て恐らく1～2時間ほど経った頃に、マンションの管理人さんに「君、何してるの？」と声をかけられてしまいました。当時のひゅうが少年が描いていた作戦では敵は学校の先生と親だけで、それ以外の可能性を忘れていたのですが、僕が隠れているところが監視カメラにしっかり映っていたらしく、あっけなく見つかってしまいました。そこからはどんどん僕の作戦が崩れていきました。

すぐにお母さんが呼ばれ、学校に連絡をされてしまいました。普通に考えれば完全に作戦失敗です。しかし、当時の僕はなかなかのクソガキだったので、まだ諦めませんでした。ロビーに隠れてやり過ごすというのはあくまで一つ目の作戦で、ひゅうが少年にはさらなる秘作がありました。

それはズバリ、〝逆方向にダッシュして逃げ切る！〟

……とんでもなく無謀でアホな作戦でした。けど、当時の僕は迷わず実行しました。

お母さんに見つかり、「学校に行くよ」と言われた僕は、隙を作るために途中までは反抗せずにお母さんについていきました。そして、お母さんがしばらくして「ひゅうが、なんで隠れてたの？」と明るく話しかけてきたその瞬間、僕は思いっきり学校と真逆の方向にダッシュしました。当時の僕は13歳、お母さんは40歳を超えていたためその差はみるみる広がり、短絡的な作戦でしたが、完全に成功と言っていい距離まで逃げ切ることに成功しました。思い出すだけで「本当に俺アホだな」と笑ってしまいます。

そして勝利を確信してルンルンで路地裏を歩いていたのですが、あまりにも見つかりそうになかったので、逆にちょっと不安になって家の近くまで戻って様子を見に行ったその時、まさかの担任の先生にバッタリ会ってしまいました。「終わった」と思い逃げようとしましたが、大きな声で呼ばれた僕は、さすがに怖くなり、先生と一緒に学校まで戻ることになりました。

最後の最後、校門をくぐった瞬間にもう一度逃げようと試みたものの、手を摑まれながら歩いていたため、逃げることができずにそのまま教室まで連れて行かれてしまいました。

そんなこんなで、入学式の翌日、ひゅうが少年が仕掛けた戦いは終わりを迎えました。

そして無理矢理連れて行かれたその日に、学校の中を案内してもらう際、当時中学校のリーダー的存在だった力也と仲良くなり、以来、「不登校になって、小学校の友達がいる中学校に転校しよう」という作戦なんて思い出せもしないくらい、友達がどんどんできていきました。

その日すぐに仲良くなった力也の周りには、やまと、ゆうた、ゆうま、あっちゃんもいました。こうして僕はコムドットのメンバーに出会うことになります。そこからはもう本当に楽しくて仕方がない中学校生活の始まり。

みんなと同じバスケ部に僕も一緒に入って、みんなで怒られながらも楽しく3年間部活を頑張ることができました。

この間にも沢山の事件や思い出があるんですけど（笑）、僕の中学校時代で一番大事な日が、あの入学式翌日の「ひゅうが少年大暴走事件」であり、あの作戦が失敗してあの学校に行けたことが一番の出来事だったので、しっかり記憶に残っています。

あの日、監視カメラで見つけてくれた管理人さんがいて、すぐに迎えに来て一緒に学校に行こうと言ってくれたお母さんがいて、その後、また逃げたにもかかわらず探しに来てくれた担任の先生がいて、その日遅刻してきたわけもわからないクソガキに声をかけて仲良くしてくれた友達がいてくれたおかげで、僕の今の人生があります！

僕の中学校生活は、あの日に全てが詰まってるんです。

1000日以上ある中学校生活のうちの、あのたった一日の、色んな人の温かさのおかげで今、僕はこの本を書くことができていて、それを沢山の人に読んでもらうことができていて、こんなに楽しい人生を送ることができています！

だから、今、一日一日を、なんの気なしに過ごしている人がいたら、そのたった「一日」を大切にしてみてください。

あなたに訪れた「今日」という日が、あなたが今この文章を読んでいるこの「瞬間」が、すごく大事な一日で、何かを変える瞬間になるかもしれません。

最後に、あの日、逃げ腰だった僕を、無理矢理学校に連れて行ってくれた泉先生、本当にありがとうございます。

先生にとっては何十人もの生徒の1人を学校に来させただけだったかもしれませんが、僕にとっては人生を最高の方向に大きく変えてもらえた、とっても大事で、意味のある日になりました。この本を手に取って、読んでくれているなら伝えたいです！　本当に本当にありがとうございました!!

とまぁ、僕の中学校生活はこんなもんでしょう（笑）。

あとは、YouTubeで色々なエピソードを話しているので、チェックをお願いします（笑）。

#7 高校受験に落ちた時、お祝いしてくれたお母さん

僕は小中学校で勉強をしてこなかったので、周りのみんなが高校受験を意識し始めた時も、全然何も考えていなくて、ギリギリになってからようやく「このままだとやべぇな」と気づいたタイプでした。

学校の先生には、「お前はこ

のままだと本当にどの高校にも行けないから、ノートだけでもいいからちゃんと書いて、テストもせめて20点以上取ってくれ。じゃないと成績2もつけてあげられないから！」とケツを叩かれながら始まった高校受験でした。周りのみんなはもう行きたい高校が決まっていたり、まだ決まってはいないけど、どこに行こうか選択肢が何個もあるくらいの成績ばかりでした。そんな中、僕は都立だと受かりそうな高校は1つしかなくて、かなり絶望的な状況でした。

友達のことが大好きな僕は、みんなと同じ高校に行きたいという気持ちだけはあるものの、実力が全く追い付いていない状態。みんなで集まって「○○高校のバスケ部が強いからみんなで行こうぜ」なんて話をしている時に、僕は「うわ！ 俺、全く行けないわ、そんなレベルの高い高校。俺だけ中卒かも！」なんて、明るくその場をやり過ごしていました。焦るというよりも、「みんなが羨ましいなー」って感じでした。

そして「みんなとは同じ高校に行けないし、一緒にバスケもできないもんなー」と思っていたある日、その後コムドットのメンバーになるゆうたと、悪ガキ大将の力也から、「ひゅうが行けそうな高校に行って、3人でバスケ部入ろうぜ！」と、僕からしたら熱すぎるお誘いが舞い込んできました。

「これはきた!!」「また大好きな友達と学生生活を送れて、また一緒にバスケもできるぞ」と思い、その高校に行くために、受験勉強に真剣に取り組み始めました。それが中学3年生の夏頃だった気がします。

ゆうたと力也は僕よりも成績が良かったので、僕たちが一緒に受験する高校は、かなり余裕を持っていけそうな感じでした。その中で僕だけ唯一、「ギリギリ受かるかなぁ」くらいの成績だったので、僕は気合をいれて勉強しました。

そして受験シーズンになり、僕達3人はまず推薦入試を受けることに決めました。「ここで3人とも受かれば最高だね」なんて話をしながら当日受験会場に向かいました。その日の試験は3人ともかなりいい感触で終えることができて、帰り道には「可愛い女の子いたべ！」なんてふざける余裕もありました。僕とゆうたにいたっては、「ゆめのちゃん」という子にお互い一目惚れして、「絶対あの子と同じ学校に行くぞ！」なんて盛り上がっていました。

地元に帰ってきてからは、3人で口々に「これはマジで受かった！ 俺ら3人でバスケ部強くするわ！」なんて、漫画の世界のような高校生活を思い描きながら調子のいいことを言いふらしていた記憶があります。

そして自信満々で推薦試験の合格発表を僕達3人＋お母さんの計6人で見に行きました。僕は自信はありつつも少し不安になりながら、電車に揺られて向かいました。学校に着いたらすぐ目の前に、ドラマで見たような合格発表の掲示板が大きく立っていました。受験番号は上から順に力也、ゆうた、僕でした。頭の方からゆーっくり見ていくと、まずは力也が「俺、あるわ！受かってる！」と声を上げました。そしたらすぐに、ゆうたも「俺もあった！」と喜んでいました。2人のお母さんも嬉しそうにしていたことが、印象に残っています。

そして最後は僕の番。2人が隣で喜んでいるなか、自分の受験番号を探しました。「頼む、受かっててくれ、受かっててくれ」と祈りながら探しました。

結果は……不合格でした。

力也、ゆうたの番号のあとは、かなり数字が飛んでいて、一目瞭然で落ちていました。僕は、笑うしかできなかったです。けど「ここで落ち込んで変な雰囲気にするわけにはいかない」と咄嗟に思い、友達の前では明るく元気に振る舞って「うわ!!!俺落ちてんじゃん！　マジか！」とテンションを無理矢理上げました。

　だけど長年仲良くしてきた友達とお母さん達をそんな嘘の明るさで誤魔化すことができるはずもなく、ものすごく気まずい空気が流れたことを、今でも鮮明に覚えています。

　力也とゆうたが教科書などの申請をしに学校に入っていく後ろ姿を、僕はお母さんと2人で眺めていました。その時僕は、「お母さんに心配かけちゃまずい！」と思い、明るく振る舞い続けました。僕とお母さんはとりあえず、2人の手続きが終わるまで、学校の近くのマックに行くことにしました。

　お母さんと2人きりになり、「さすがにこれはまずいなぁ。どうしよう。心配もかけちゃってるし、お母さん、なんて言うんだろう」と思っていたら、無理をして明るく振る舞っていただけの僕とは違い、心底明るく元気に「落ちちゃったね！　ひゅうが！」と笑顔で話しかけてくれたお母さんがいました。

　僕は、意味がわかりませんでした。それは息子の友達2人は合格して、息子だけが落ちた現場を目の当たりにした人間の明るさではなかったんです。

「落ちちゃったけど、ひゅうがなら大丈夫！」

「今日は落ちちゃった祝いにマックで一緒にソフトクリーム食べようよ！」と。

　お母さんのその言葉を聞いて、僕もなんだか全て大丈夫な気持ちになって、2人で楽しくソフトクリームを食べました。力也とゆうたを待っている間も全くネガティブな雰囲気などなく、お母さんにものすごく救われたなと今でも思います。そしてその後は6人で回転寿司に行きました。普通は気まずいはずなのに、僕のお母さんが明るすぎたおかげで、美味しくお寿司が食べられました（笑）。

　お寿司を食べながら、ゆうたと力也は「ひゅうがは一般で絶対受かるから大丈夫！　絶対いける！」と励ましてくれました。僕も「いや、マジそうだよね！　推薦はさすがにキツかったから一般でちゃんと受かるわ！」と返し、その日から一般入試まで沢山努力をしました。

　そして試験当日、面接と筆記、どちらともすごくうまくいった手ごたえがあり、「これは絶対受かった！」と学校で言いまくり、お母さんにも自信満々で話していました。

　そして合格発表の日。その日は友達もお母さんもいない状態で見に行きました。1人で意気揚々と電車に乗り込み、2度目の合格発表に向かいました。あの日と同じ大きな掲示板に近づきながら、ゆうたと力也、3人での高校生活への期待に胸を膨らませて自分の番号を探しました。

結果は……不合格でした。

　完全な予想外です！　絶対に受かったと思い込んで見に行ったので、さすがに衝撃でした。もう悲しいとか、これからが不安とかの前に、僕はその時「なんで俺を落としてんだよ、この学校は！」と怒りを覚えました。それほどに自信があったんです。そして僕の帰りを待つ力也とゆうた、更には家族にまで相当自信満々に言いすぎてしまっていたので「みんな、絶対に俺が受かって帰ってくると思ってるよな……」という不安が僕の頭によぎりました。「うわぁ、これ、あいつらになんて言おう……。お母さんにもなんて言ったらいいんだ……」と考えながら帰りました。

　その帰り道、まさに力也とゆうた、それからすでに別の高校に受かっていたやまとを含む沢山の友達が、学校からの帰り道で向こうから歩いてきました。50メートルくらい前でみんなが僕に気付き、「ひゅうがどうだったー!!! 受かったかー!!」と、絶対に受かっていると確信している空気で声をかけてきました。僕は、めちゃめちゃ元気よく大きな声で「落ちたー！！！！」と叫びました。

　その時のみんなのテンションの下がり方、特に力也とゆうたの寂しそうな顔は今でも忘れられません。

「みんなでバスケをやろう」と言って半ば僕の学力に合わせて受けてくれた高校に、僕だけ落ちてしまいました。僕はただただ2人に申し訳ないという気持ちでいっぱいでした。

　そしてその足で学校に不合格だったことを報告しに行くと、先生たちはなぜかものすごく明るく「落ちたのか、ひゅうがお前!! 落ちちまったかー！」と、居酒屋で盛り上がっているようなテンションで僕を励ましてくれました（笑）。なんであんな感じだったのか真相はわからないけど（笑）、すごく気持ちが楽になったのは確かです。

　そして担任の先生から「ひゅうが、お前が今から行ける高校は東京だと、あとはこの私立高校1つしかないぞ」と言われ、最後のチャンスとしてその高校を受けることになりました。ちなみにこの日、家に帰ってお母さんに落ちてしまったことを打ち明けた時も、この間と同じように「そっかー落ちちゃったか！ ひゅうがを落とすなんて見る目ないのかもねー！」と、また僕を元気づける言葉をかけてくれました。

　もしかしたらその日に一番落ち込んでいたのは、力也とゆうただったのかなと大人になった今は思います。力也、ゆうた、ごめんな、落ちちゃって！

　そして最後のチャンスである私立高校の試験は、当日のテストでやらかしまくり、唯一面接だけ楽しくできたかなという感触の出来栄え。正直、「またやっちまったかも」と思いながら、合格発表を待ちました。

　そして、僕が高校生になれるのか、はたまた中卒で仕事をすることになるのかが決まる、人生において、ものすごく大きな分岐点となる日が訪れました。

　その日はお母さんと2人で学校に行きました。都立の時とは違って封筒に入った紙で合否を確認するという仕組みでした。その封筒をもらい、お母さんと2人で恐る恐る開きました。

　封筒の中に……「合格」と書かれた紙は入っていませんでした。その時は、さすがの僕でも焦りを覚えました。このままでは就職しなきゃいけないし、どこかあてがあるわけでもないし、なにより友達ともう遊べなくなるんじゃないかという不安に駆られました。

　そして、そんな未来が見えなくなった自分の息子を見てもなお、お母さんは「ひゅうがなら大丈夫！ どんな人生になってもひゅうがなら絶対楽しい幸せな人生を送れるに決まってるよ。帰りは特別にトンカツでも食べに行こう！ 落ちた日に食べるもんじゃないか！」と、笑顔で話しかけてくれました。

　また僕はとんでもなく救われました。「やっべえな」という感情は吹き飛び、頭の中はトンカツでいっぱいでした（笑）。「お母さんと一緒に来てよかったー！」と思いました。

　そして、2人でトンカツ屋に向かっていたところ、お母さんのスマホに電話がかかってきました。相手は、さっき落ちたばかりの高校からでした。

　電話の内容としては、封筒の中に「合格」の紙は入れていないけれど、「不合格」と書かれた紙も入れておらず、合格にはギリギリすぎたため、別室に来てください、と書かれた紙が入っているはずとのこと。2人とも封筒の中の紙をよく読まず、帰ってきてしまっていたのです。その電話を切った後、お母さんが「ひゅうが、受かってるんだって!!　よかったじゃん!!　さすがひゅうがだなぁ！」と、とても喜んでくれました。僕もすごく嬉しくて、すぐに2人で高校まで戻りました。

　そこで高校の先生から「勉強を頑張って、高校生活をしっかり送れるかな？」と言われ、「大丈夫です！　絶対大丈夫です！」と答え、なんとか高校への入学が決まりました。

　お母さんが、僕が落ちた時も、受かった時も、どんな報告をしても、明るく笑顔で「ひゅうがなら大丈夫。さすがひゅうが！」と、落ちてもお祝い、受かってもお祝いと、底なしの明るさと愛情を注いでくれたおかげで、その後の高校生活も全力で楽しむことができました。

　僕の人生は、僕自身が明るく前向きに楽しく変えていっているだけではなくて、どんな状況でも背中を押して「ひゅうがなら大丈夫」と声をかけてくれたお母さんの存在が大きいなと心から思います。

　お母さんは、僕が受かることを信じてるんじゃなくて、僕という人間自体を心の底から信じてくれている。そんな感じがしています。

　合格・不合格の結果なんて、お母さんからしたらおまけなんです。僕が受かろうと頑張っていることが大切で、落ちようが受かろうが元気に報告しに帰ってきてくれたことが嬉しくて仕方がない。そんな感じだったのかなと勝手に考えています（笑）。

　改めて、お母さん、本当にありがとう！

　そして力也、ゆうた、本当に本当にごめん！　勉強を教えてくれたやまとも落ちちまってわりぃ!!（笑）

　僕の高校受験は、こんな感じでした。

#8 じいちゃんが教えてくれたこと

　僕は、常に後悔しないようにしようと意識して、毎日生活しています。その中でも「大切な人たちに愛情を伝える」ということにすごく重きを置いています。家族にはなるべく仕事が忙しくても時間を作って会いに行ったり、オフに旅行に連れてったり、大切な人達が、いつどうなっても絶対に後悔しないように、と考えながら生きています。

　僕がこんな風に考えて生きているということを人に話す機会があった時に、「なんでそこまで考えて行動できるの？」と質問されたことがあります。その時は「1回きりの人生だから後悔なく生きたいじゃん！」くらいの感じで返したのですが、1人になった時に考えると、僕はものすごく〝臆病者〟なのかなと思い直しました。

僕は大切な人に何かが起こった時、後悔するのが怖くてたまらない。大好きだからこそ、愛情が深いからこそ、大切な人が傷ついたり、亡くなってしまったりするのが怖い。こんな気持ちが人一倍強いのかなと思います。

僕は今までの人生で、優しくしてもらったり、自分の人生に大きく関わってくれたりした人で亡くなってしまったのは、母方のじいちゃん1人だけです。

じいちゃんは、派手なことをするのが大好きで、まだ小さい僕の口に缶ビールを当てて「飲むか、ひゅうが！」なんてふざけてくるような、豪快だけど愛情深く優しい人でした。すごく好きでした。亡くなってしまった今も、心の底から大好きです。

そんなじいちゃんが亡くなってしまったのは、僕が小学生の頃でした。幼かった僕は、当時、じいちゃんが亡くなってしまったことを素直に受け入れる心も頭もなかったです。

じいちゃんはまだ生きてる！　次の夏休みにじいちゃんの家に帰れば、また遊んでもらえる！　あのおっきい分厚い手を繋いで、スーパーに買い物しに連れて行ってくれて、「ムシキングをやりたい！」っておねだりすれば、「強いの当てろよ！」と言って一緒に遊んでくれる！　亡くなってからもずっとそんな風に思ってました。

だからじいちゃんの葬式ではお母さんや親戚の人たちがしんみりしている中、僕はじいちゃんが買ってくれた怪獣とウルトラマンのオモチャを両手に持って走り回って遊んでいました。

じいちゃんがいなくなるわけない！　また遊びに行ったら得意な寿司を握ってくれるし、大好きなビールを飲んで顔を赤くして、朝は早起きして畑から「とうきびがとれたぞ」って言ってくれるに決まってる！と信じていたからこそ、涙なんて一滴も流しませんでした。

それは、自分を騙していたわけでも、無理をして家族を元気づけようとしていたわけでもないんです。本当にじいちゃんが死んだなんて思えなかったんです。そして24歳になった今でも正直、ばあちゃん家《ち》に帰れば、じいちゃんがまた空港にかっこいい車で迎えに来てくれて、音楽もかけずに「YouTubeすごいな！　テレビで見たぞ！」「あの女優さん、綺麗だったか！」なんて元気に話しかけてくるんじゃないかなって思ってしまいます。それほどにじいちゃんには圧倒的な存在感があって、今も生きている僕にエネルギーを与えてくれています。

僕がこんなにも今でも一緒に過ごした思い出や話し方、性格まで鮮明に覚えているほどに大切な存在で亡くなった人は、まだじいちゃんだけです。

じいちゃんという大切な人が亡くなってしまっても、僕は今、ちゃんと毎日元気に明るく生きられています。だから今までは、「たとえ誰が亡くなっても、後悔なく生きていればきっと大丈夫だ！」なんて思いながら生きてきたけど、正直24歳になった今はもう、「死」という事実を心でも頭でも理解することができてしまうんじゃないかなと思っています。

もう葬式で涙を流さずに明るくいることなんて、できる気がしません。まだ、子供時代の僕しか、大切な人の命を失ったことがないんです。

だから大人になった今、大切な人が突然亡くなってしまうことを考えると恐ろしいです。大切な人が生きているから、僕は前と上だけを見て突き進んでいけます。彼らを失ってしまったら、自分のことも見失ってしまうんじゃないかとも思います。

けどそれは、その時にわかること。だから、僕はみんなが生きている、今声を聞ける、今顔を見れる、今ふざけたら笑ってくれる「今」を、心の底から後悔しないように大事にしていきます。全力で愛情を贈るし、思い出も作ります。

その分、いつか失った時は何倍も悲しいかもしれないし、立ち直れないかもしれない。けど、こうして生きてる時にしかできないことを全力ですれば、たとえ悲しくても、亡くなってしまった僕の大切な人は、きっと天国でも笑顔で過ごせるんじゃないかなって思います。

生きている僕の方に悲しさが残って、寂しさに押しつぶされる。そんなことは生きている限り、僕自身でなんとかできます！　だからこそ僕は、生きている限り、大切な人に後悔が残らないように、愛情と幸せを注ぎ続けたいと思います。

今生きている、僕の大切な人達！　そして今生きている、僕のことを大切に思ってくれている人達！

お互いに生きてるうちは、沢山一緒に笑って過ごしましょう。後悔は、この世に置いていけるように、全力で生きましょう。

もしも死ぬほど辛かったら、僕はテレビの仕事だって、YouTubeだって、ぶっ飛ばして話を聞きに行くし、助けに行きます。僕の人生は、テレビの仕事でできているわけでも、YouTubeでできているわけでもないです。大切で大好きなみんなが元気に生きていてくれて、僕の話を聞いてくれて、僕に楽しそうに話をしてくれる、そんな時間が、そんな空間こそが、僕の人生です！

もし、万が一、生きていられないほど辛くなったりしたら、もう一度この部分を読みに帰ってきてください！　はい！　ここに印つけて！　付箋貼って！

もしも自ら命を絶とうと思ってしまうようなことがあったら、その行動をする前に僕に連絡してきてください。

「俺、死のうと思うんだよね」「私、もう、生きるのやめるわ」って正直に言ってください。

その時は仕事を一回全部投げ捨てて、一緒に日本一周旅行でも、世界一周旅行でも行こう！

約束します!!!

その旅行をしてから、一緒に、この後の人生を生きてみるか決めよう！

僕の大切な人にはこうして言葉をかけられるけど、僕と直接繋がりがない人にはここまではしてあげられないから、もしもこの文章を読んでみて「うわー！　こんなことしてくれたら嬉しいな、こんな風に言ってくれたら嬉しいな」と思えたら、みんなもみんなの大切な人にはたくさん愛情を注いで、何かあったら全て取っ払ってでも、助けに行ってあげてください！　そして、生きていることが嫌で、もし諦めようと思ってしまったその時は、誰か1人でもいいから正直にそのことを話してみてください。どうか1人で考え込まないで。「そんな風に頼れる人なんていないよ！」って思ったら、今から作ってみてください。

人は人を殺せるけど、生かすこともできる。

みんなで生かし合おう！

僕は全人類に命を大切にしてほしいと思っています。

だから自分は1人だと思っている人は、一旦僕のことを勝手に味方につけて、僕と2人として生きてみてください。

僕達はどんなことがあっても死んではならない。ちなみに僕はめちゃめちゃ長生きする予定です!!（笑）

みんなハッピーに！！！！！

#9
僕が、コムドットの動画を全部観る理由

僕は、ほぼ全部と言っていいほどに自分達でアップしているコムドットの動画を観ています。

理由を話すと、沢山あります。たとえば、自分たちが以前とどんな風に変化しているかとか、「ここでもうちょい面白いことが言えたな」とか、「この時、後ろのゆうまはツッコもうとしてくれてたんだな」とか、客観的な視点で動画を観ることで、現実的に自分自身やチームのためになったりしているからというのはもちろんあります。

けど一番の理由は、単純に「面白いから」です。

本当に、ただただ面白くて仕方ないんです（笑）。

やまとが意味がわかってないのに適当に頷いているのとか、ゆうたがあっちゃんの意味不明な発言に我慢できずに笑っちゃっているのとか、ゆうまが撮影中なのに何も考えていない顔してるのとか、友達の僕からすると、面白くてたまらないんです。

僕は笑ったり、笑わせたりすることが大好きなので、コムドットの動画を観るという行動は、僕の毎日にすごく必要なことなんです。毎回、声を出して笑っちゃいます（笑）。

僕がコムドットの「面白いランキング」1位によく選んでもらえる理由は、僕が、一番コムドットの動画を視聴者として楽しんでるからなのかなと思っています。

「ひゅうが、ここでこれ言えよー！」なんて思って自分のことを観ているから、「ここでゆうまにこう言っていたらもっと面白くなったのに」って分析しながら観ているから、次の撮影でそれができます。

コムドットの動画を観ることは僕にとってシンプルに娯楽であり、何より「日常」です。

自分の仕事を娯楽として楽しめている、こんな人生にふと、幸せを感じることもあります。

そしてこの本を読んでくれている人とは「コムドットの動画を観る」という共通の趣味があるので、なんだか仲良くなれる気がしています（笑）。

今日からみんな友達だー!!!

#10 お金は、「防御力」

僕は今、お金持ちです！

普通に考えたらこんな発言、堂々としない方がいいのかもしれないけど、この本を手に取ってくれた方には正面から嘘なしで気持ちを伝えたいので。

今現在の僕は、世の中的に見たらいわゆる「お金持ち」という部類に含まれる存在です。けど3〜4年前までは無一文で、夢を追いかける金欠男でした。コンビニで10円のわさびノリを買おうとして財布を開いたら、8円しか入ってなくて「すみません、やっぱり大丈夫です！」と店を出たこともあります。すげえ恥ずかしかったから、今でもめちゃめちゃ覚えています。そんな恥ずかしかった記憶はあるけど、今のようにお金を稼げていなかった時期も、僕は「人生つまんないな」と思ったことは、一度もありません。

僕にとって、お金は、「自分の人生を守るもの」だと思っています。「お金がある時は防御力が上がる！」そんなイメージです。

一度きりの人生、前を向いてどんどん突き進んで生きていきたい！なんて思ってしまうような僕からしたら、お金が貯まり、防御力が上がることが必ずしも自分のためになるというわけでもないです。世の中は、「稼いでも変わんないな、こいつは」と言われる人がよしとされていると思います。確かにお金を稼いでもお金の使い方や金銭的な感覚があまり変わらないのは、謙虚で素敵だけど、僕は、お金を稼いだら、その分、使う額も比例して変わってしまうタイプです。

感覚を変えずに謙虚に生きてしまうと、僕の貯金という〝防御力〟がどんどん上がり、常に守りに入った人間になってしまいそうだからです。

「お金を持っていても変わらず攻められるぜ、俺は！」なんてタイプならいいんですけど(笑)、僕は貯金が増えるとふわふわしてしまうので、意識して使うようにしています。

常に、今できることを全力でと思い、お金も体力も使って生きています。こんな風に生きていると、周りの友達や大人には「貯金しといた方がいいぞー！この先なにがあるかわかんないぞー!!」「もし急に人気なくなったらどうするの!!」なんて不安を煽るような言葉をかけられることもありますが、そんな時はこんな風に思います。

「俺にとっては、いつでも今が大事なんだ。明日とか、明後日とか、1年後とか、10年後とかそんな先のことは考えていられないんだ」って。

今日起きたら、今日を全力で楽しみたい。今日を全力で頑張りたい。今日、好きな人に好きと言いたい。今、この文章を書くことに全力を尽くしたい。

そんな風に、今日という日に強い気持ちを持って生きています。そんな生き方をしてきたからこんな性格なのか、こんな性格だからこんな生き方をしているのかはわからないけど、僕は、自信を持って自分の人生は最高だと毎日真剣に言うことができます。今日を真剣に生きることが、僕の自信に繋がっています。

　僕はお金が全くない時代も、お金を沢山稼いでいる今も、同じくらい楽しくて、毎日毎日真剣に生きたくなるような今日を過ごしています。「あの時は人生最悪だったな」なんて思う時期がないからこそ、お金に対しての不安みたいなものも正直ないです。でも将来の奥さんからしたら、難アリな考え方かもしれません（笑）。結婚したらまたこの姿勢を改めなきゃなと思いますが、その日が来るまでは今日だけを大事に突き進んで行きたいなと思っています。

　今、この本を読んでいる男の子も、女の子も、お父さんも、お母さんも、おじいちゃんも、おばあちゃんも、読んではいないだろうけど赤ちゃんも、そして僕にも、同じ時間の「今日」という日があります。

　お母さんなら「これを読んだ後、お皿を洗わなきゃ」って思っているかもしれない。お父さんなら出勤中の電車かもしれない。男の子なら寝る前にリビングのソファでくつろいでいるかもしれない。そしてほとんどの人がこの本を読み終えた後、いつも通りの日常に戻ると思います。何度も読みに来ることもないと思います。だから、もしここまで目を通してくれたのなら、そのままスッと戻るのではなくて、この言葉を目にした今日だけでもいいから、いつもより大切に生きてみてください。

　今日しかない！

今日は、今日しかないから！

　明るいお母さん、ちょっと怖いお父さん、可愛い息子さんや娘さん、優しいおばあちゃん、おじいちゃん、ケンカしているけど、大好きな彼女、彼氏。誰にでも1人は心から大切な人がいると思います。そんな人達に顔を見せに行ったり、電話で声を聞かせてあげたり、大好きって言葉を伝えてあげたりしてほしいなって思います。

　お節介だし、うるせぇよって感じかもしれないけど、僕はただ本を出したいとか、いいこと言いたいとか、そんなつもりで、この本を書いていません。

　僕の本を読んで、少しでもいいから、ほんの少しだけでいいから、100人読んだら1人だけでもいいから、幸せで温かい気持ちになってほしいんです。あなたが大切な人に愛情を伝えれば、その温かさはこの本を読んでいない人にまで伝染します。一人一人の愛情が愛情を運んで、人は幸せな気持ちになります。僕は人として生まれたからには、愛情を持って生きていきたいと思っています。

　不器用で勉強もできない僕がこんな人生を送れているのは、真っ直ぐに愛情を受けて、その愛情に全力で応えてきたからだと思います。

　僕の文章は急に熱くなったり、話が急展開したりと読みづらいかもしれないし、頭がいい人からしたら「なんだこれは」となるかもしれません。

　けど、こんな文章からでもなにか感じるものがあって、少しでも人を想う気持ちが刺激されればいいなと思って書いています。正直、本を書いている感覚はあんまりなくて、今みんなにただ話しかけているような感覚です(笑)。ここまで何の話をしていたのかもあまり覚えてないくらい、伝えることに必死です。

　世界が少しでも幸せになればいいな。

　この文章を読み終わったら、みんなそれぞれ大切な人に一回連絡するのもありだと思います。

　僕はこれを書き終わったら、とりあえず母ちゃんに母の日でもないけど、感謝のメッセージでも送ってみようと思います！

この人達と仕事して遊んで、
この時点で良い人生。
これからもっと良い人生。
売れることは「夢」じゃなくて「予定」

見た目が強くなると心も強くなる気がする。
逆に心が強くなると見た目も強く見える。
なにか変わりたい時は
一気に変えなくても一つ変えれば
自ずと全てが変わってくる。
なにか一つに全力を注ぐと世界が変わる。
それが俺にとってはコムドット。
一つの成功が癖になる

コムドットは全員が全員を支える力を持っている
その全員が全員を支えようとしている
だから気持ちが折れない

SMAP×SMAPの
「はじめての5人旅スペシャル」
を久々に見たら、本当に最高の旅だった。
そのなかで中居くんが
「俺今なら100人相手でもSMAPのこと守れるよ」
ってほろ酔いで話していて、
最高のリーダーだったんだなと改めて思った。
その時の中居くんの雰囲気が
少しやまとに似ていて嬉しい気持ちになった。
クサい会話ができる人が俺は一番好き

「幸せにしてもらおう」じゃなくて、
自分が「自分も周りも幸せにしよう」とすれば世界は平和

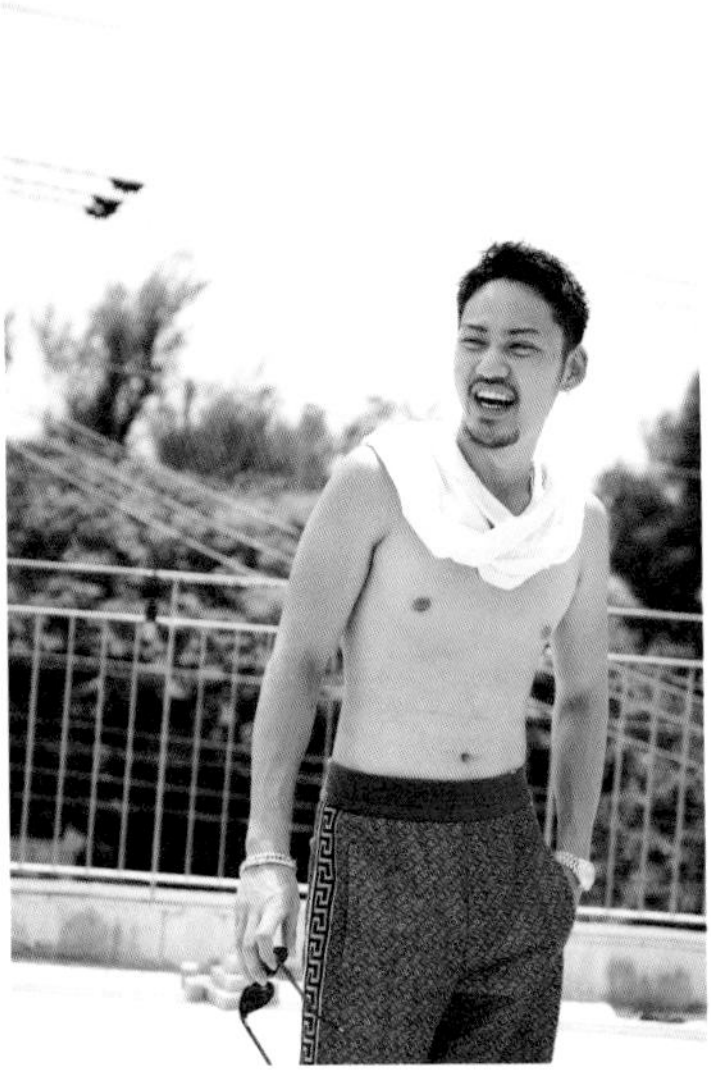

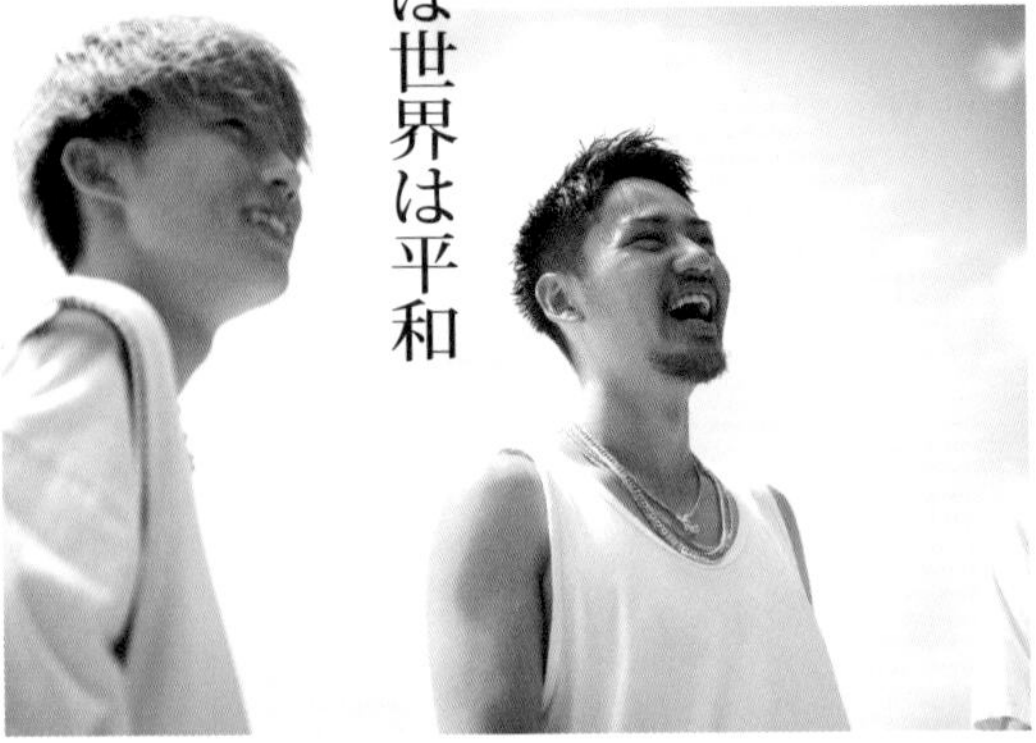

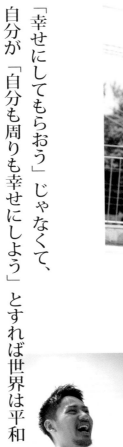

やまと＝天才
ゆうた＝才能
あつき＝貪欲
ゆうま＝変態
おれ＝最強
コムドット＝最高
最高に勝るものなし

大切な人達を助ける力がもっと欲しいから、もっと頑張る！

「大好き」なもののためなら
「大嫌い」なことも頑張れる

中学生の時、みんなでバスケ部で毎日バスケをしてました。
その時のメンバーと、今は毎日YouTubeをしてます。
みんなでバスケを頑張ってた時につけてた背番号をそのままつけて、
自分達のブランドを作って自分が着たり、
買ってくれた人が着てくれたりしてて、
本当に最高な仕事をしてるなと感じます。

コムドットでよかった

Yagisawa
12

Q.「将来こんな男になりたいという理想像は？」

A.「ない。その場その場で一番いい選択をし続けていくことでいい男になっていくから」

大口ってのは叩けば叩くほど
馬鹿にされるもんです。

それが叶わなかった時は、死ぬほど馬鹿にされます。
だからこそそれを叶えた時、
死ぬほど嬉しいし、かっこいいし、気持ちいいです。
最高なんです。

受けた恩は絶対に返す!

これが僕の人生で死ぬほど大切にしてることです

友達は守るものではない。
なぜなら対等だから。
でも何かにやられて落ち込んでたなら
いくらでも助けてやるべき。
大丈夫か？
大丈夫だよ。
このくらいの言葉でも
友達からだと嬉しいもんです

信じてほしい人がいるなら
その人の全てを信じよう。
それができた時、
その人からすごく信頼される存在になれる。
何かしてほしいなら、まずは自分から。
最初に動ける人間は強い。

何事も後手に回るな

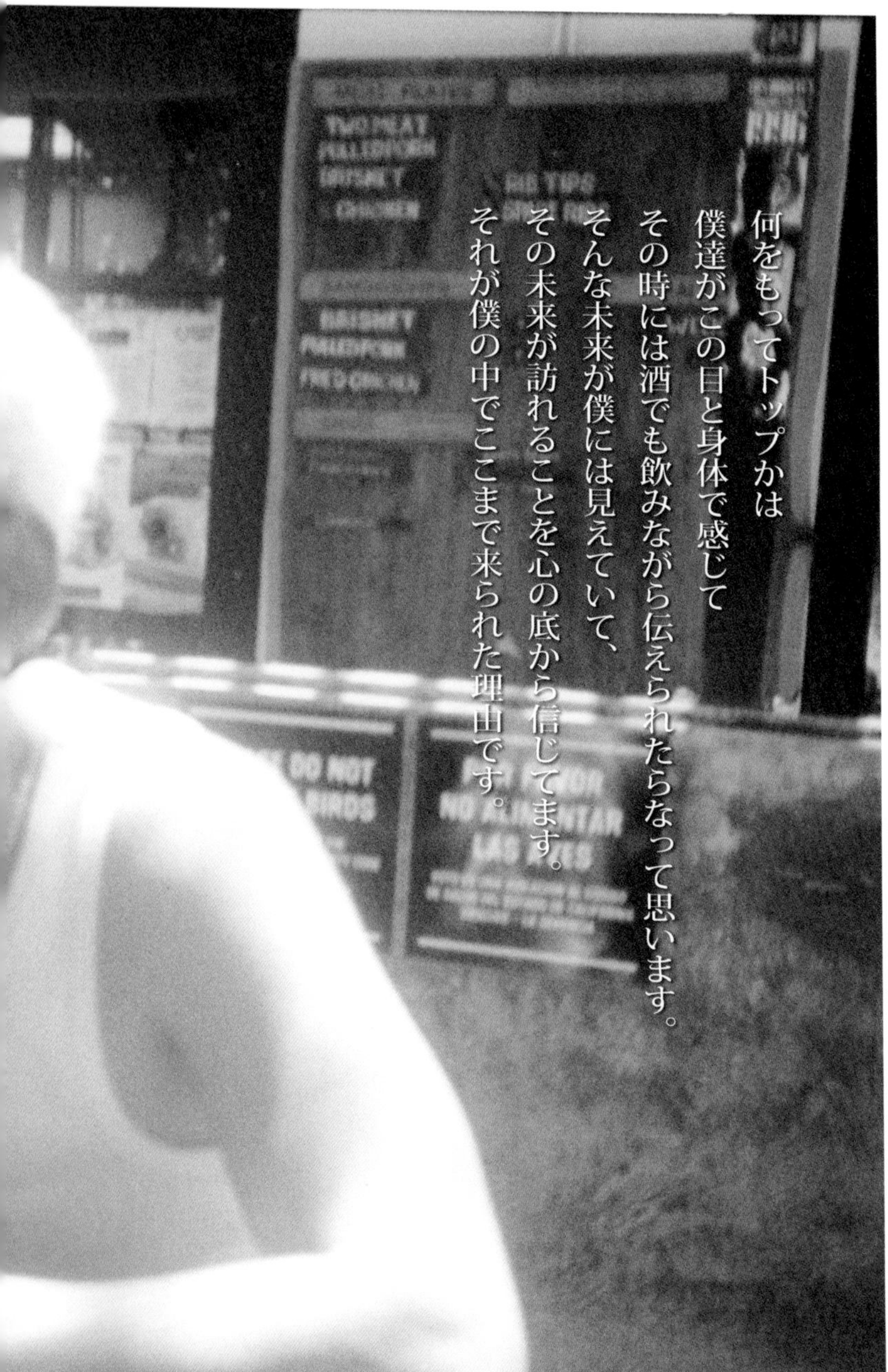

何をもってトップかは

僕達がこの目と身体で感じて

その時には酒でも飲みながら伝えられたらなって思います。

そんな未来が僕には見えていて、

その未来が訪れることを心の底から信じてます。

それが僕の中でここまで来られた理由です。

何回考えてもかっこいい人生送ってるし
寝れなくて辛いかもしれないけどこれ以上なく幸せです。
みんなと仲良くなれた俺は楽しい人生決定です。
頑張るのは自分だけど
頑張れるのはファンの方々がいるからです

俺はポジティブすぎるから
自分の事を最高の人間だと思いながら毎日楽しく生きてる。
そして俺の周りにいる友達も全員最高な人達です。

類は友を呼ぶ。
俺の友達にダサい奴はいない。
けど不器用な奴はいる。
そんな不器用だけど人思いの友達が
周りに沢山いることが誇り

大好きな友達と一緒に仕事をして、
お金を稼いで、
応援してくれる人がいる。
ふとした時に考えると
自分が歩んでる人生のありがたさをすごく感じます。
学校が死ぬほど楽しくて、
一生卒業したくないなって思ってた中学3年生。
卒業式間際に僕が思ってたことを、
今になって自分たちの力で叶えてる感覚です。
一緒に仕事をしてくれて、
空き時間にふざけてくれて、
本当に心からありがとう。
これがずっと続けばいいなと毎日思います。
中学3年生の時の僕の夢を今、叶えているように

どんなに辛い時でも、横見たら同級生がふざけてくれる。
こんな人生、誰にも邪魔されたくない。
死ぬほど頑張るし、苦労もすると思うけど全部楽しもう

やまと

やまとは言葉や表情に嘘がないわかりやすい人間です。
そのせいで苦労したこともあるだろうし、
未だにそれが原因で嫌われていることも多いと思います。
けど、そんな馬鹿正直な人間だからこそ、
心の底から信じてついていきたいと思えるのがやまとです。
あと、注意したら
すごく素直に「確かに」って理解する力もあるのが
やまとの魅力かなって思います

ゆうた

ゆうたは昔から不利な状況をプラスに変えられる人だなと思います。
ネガティブに見えるけど、
そのネガティブな気持ちさえも
〝周りの人が気になって仕方ない〟
「ゆうた」という人間性になっていると思う。
どんな考え方をしているか自分自身ではうまく説明できないけど、
自然と人が寄ってきてしまう。
そんな力がゆうたにはあると思います

ゆうま

「人と違う人でいたいと思っている人」
って感じ（笑）。
そもそも普通の人とかけ離れた
考えがあるってよりかは
人とは違う自分でいたいという気持ちが強いから
力技で変人の方向に向かってる！
そんな奴ってイメージ（笑）。
でも根っこはすごく優しい、いい奴だから、
普通の時は普通な感じです。
ゆうまの周りは時間の流れが緩やかで、
一緒にいる人が心地いいと思ってしまうのは
ものすごい魅力だと思います。
僕には全くないオーラがあって憧れる部分です！

あむぎり

あっちゃんは優しいですね。
色んなとこで言っているんですけど
僕の優しさとはまた次元の違う優しさって感じです。
僕は人に優しくされて生きてきた分、人に優しくできる。
ごく普通な優しさで。
あっちゃんは人に優しくされなかった経験が沢山あるのに、
人に優しくできる優しさです。
これは僕からしたらマジですごいなというリスペクトしかないです。
後はへにゃへにゃしていて優しいから
プライドないのかなと思うけど、案外プライドは高い奴です（笑）。
だけどそのプライドを普通の人は折って
やりたくないことをやると思うんですけど、
あっちゃんはそのプライドを折らずに奥底にしまい込んで、
やりたくないことをやってあげる。
そんな我慢強さも
彼の人としての強さなのかなと思います。
それが凶と出る時もあるんですけど（笑）。
基本的にはいい方向に向かっているのかなと思います！

「自分がいる環境や場所で変わる普通」
その**普通の感覚を常に上げていく**ことが
大変な思いをせずに人生楽しく上手くいく秘訣の一つかなって思います。
自分が本気で信じ込んで吐く言霊の力はすごい

死ぬほどの努力は裏切らない

目で見て、肌で感じたものを信じる。
これが自分の人生を決めている根源。
だから騙されたら自分のせい。
逆に成功したら自分が正しかった。

人にあたらず
穏やかでいられるのはこれのおかげ。
自分の人生、せっかくついてる目、存分に使う

毎日同じことを繰り返せる力。
新しい環境に自分の身を置く勇気。
この2つをなんの気なしに持てる人がたまにいる。
そういう人に僕は惹かれてしまう。
自分もそんな人になりたいなと思う。

継続と挑戦

どっちも大事にしたい

「いつ何が起こるかわからない」
この言葉を大事にすると、
少しは後悔のない人生を歩める気がする。
日常で聞いたり見たりする言葉を
素直に受け取り、生活の一部にする。
これが僕にとって欠かせない日課です。
自分のためになる言葉を無視してはいけない。
成長は自分でしようとすると、
より早い

変わることも悪くない。けど変わらないようにするべき大切な部分もある。
自分も含めてみんなが**シンプルに物事を楽しめるようになるといいな**

人をまとめる力がある人
力が強い人
色んな「力」が世の中にはあって
それを悪いことに使っちゃダメなんて小学生でもわかる。
それでも弱い者いじめをする人はいる。
力のある人、強い人はその力をすべて**守るために使おう**

俺はずっと座ってるのが嫌い。
動画の編集も嫌い。
なのに
どうしてYouTubeをやっているかって？
友達と一緒にいられて、
友達を笑わせられて、
色んな人と出会えて、
好きなことだけできるから。
俺は、好きなことしかやらない。
好きなことしか、できない。

僕が楽しくないことをする時は、
楽しいことをその先の未来に見据えられた時のみです

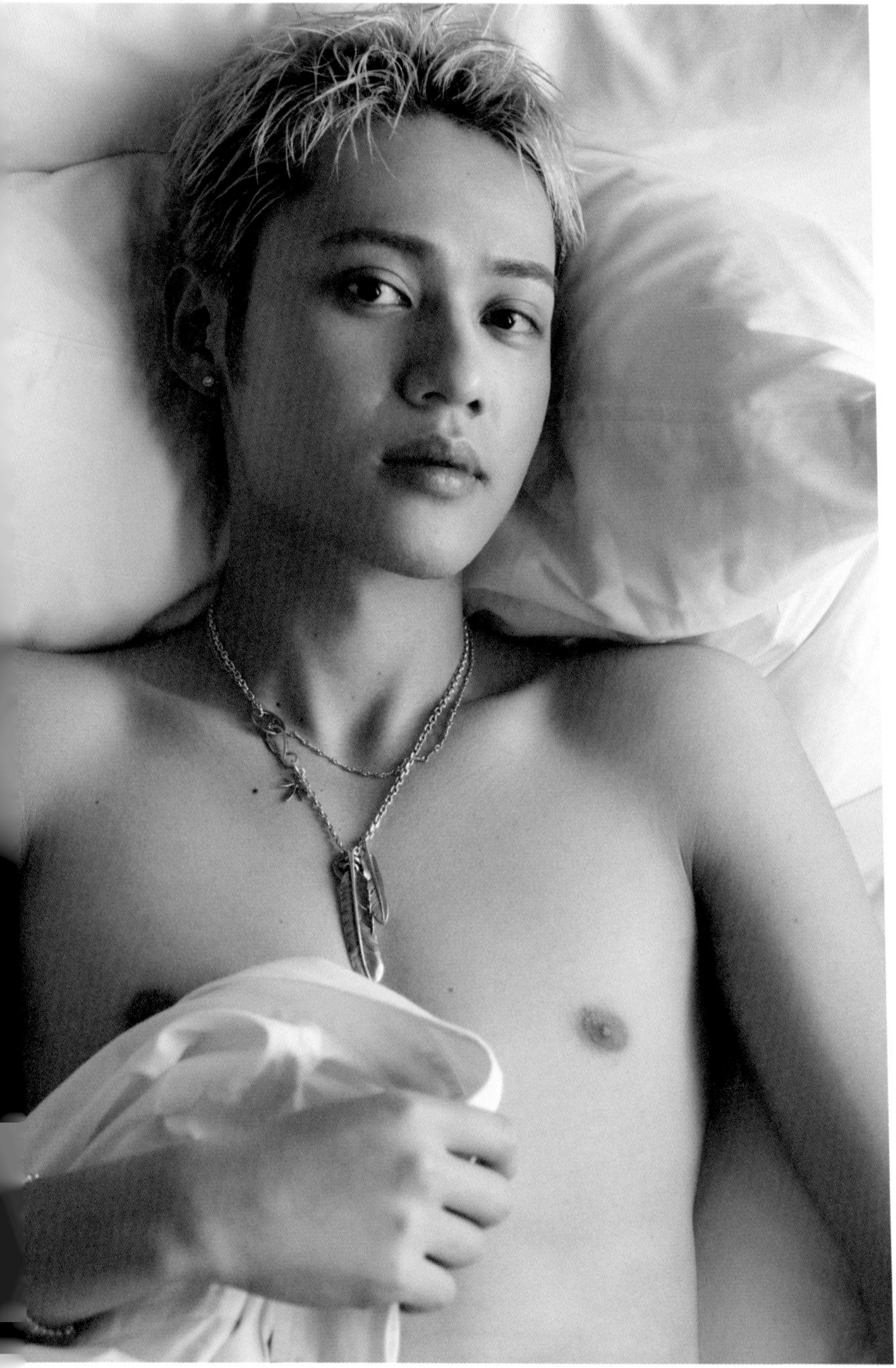

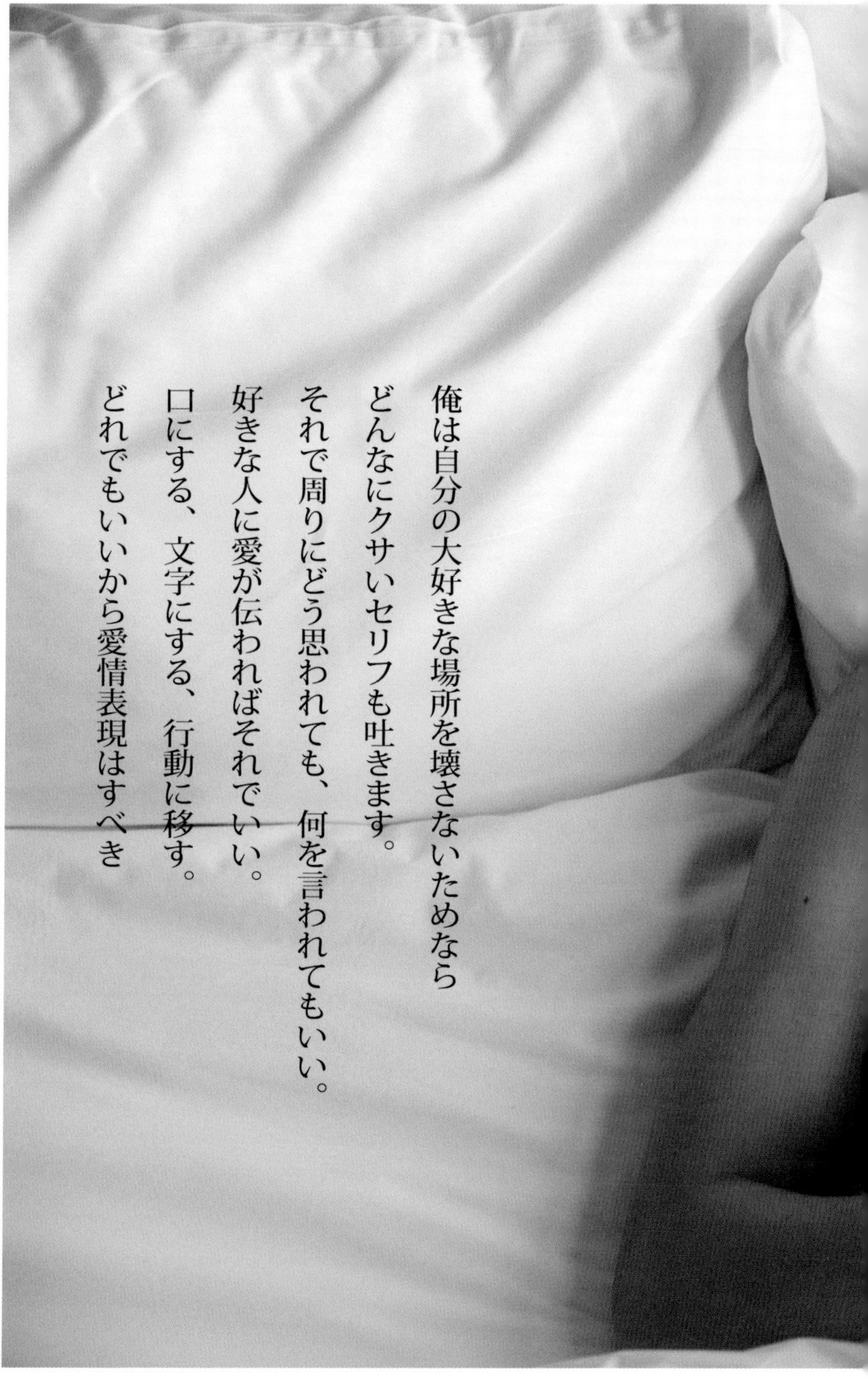

俺は自分の大好きな場所を壊さないためなら
どんなにクサいセリフも吐きます。
それで周りにどう思われても、何を言われてもいい。
好きな人に愛が伝わればそれでいい。
口にする、文字にする、行動に移す。
どれでもいいから愛情表現はすべき

CVS

自分の人生
自分で決めて最高の人生になるように
自分で次のページをめくって
自分で内容を描いてるから
楽しいに決まってる。
人生の作者は自分。
自分本位でいい。
それが楽しく生きるコツ

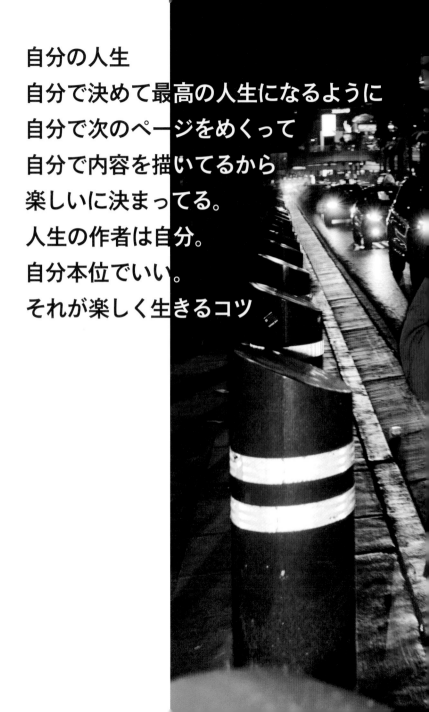

自分の人生は自分で決める。
迷ってもいいから自分で決める。
だから楽しい。
人のせいにするなんてもってのほか。
人生楽しもう

もし明日コムドットが解散したら？
その時にならないと考えないけど
多分、持っていたお金を全部使ってゼロにしてから
またハングリーに何か始めますね

#11 「生きている時点で、億万長者」

ふと、「死」ということを考える時が、大抵の人にはあると思います。

死んでしまったら今の自分はどうなってしまうんだろう。天国に行くのかな。生まれ変わって違う人生を歩むのかな。全てが無くなって、何もかもが無になってしまうのかな。

そんな風に色々と考えると、僕は「死」というものが怖くて仕方なくなる時があります。

「死」に関してだけは、スーパーポジティブな僕も受け入れることが難しいです。そんな時、僕は「一旦、生きていることだけを考えよう」と、必死になってなんとかそのマインドから抜け出します。まず、「俺は今生きているし、その時点で最高だな」とか、「まだどうなるかわからないから、とりあえず全力で生きよう」とかこんな風に考えます。

僕が生きていることの素晴らしさについて、たどり着いた考えがあります。

「生きている時点で、億万長者」

バカみたいで、意味がわからないかもしれません（笑）。けど僕は、たとえば「1週間以内に死んでしまうけど、世界中のお金を使いまくっていいよ」と言われても全然嬉しくありません。きっと、今この文章を読んでいる人もそうだと思います。「死」に直面した瞬間に、世の中でものすごく大事とされている「お金」というものは、何の意味もないものになってしまいます。だから僕たちは、「生きている時点で、億万長者」なんです。

明日を生きたくても生きられない人は、今日、この瞬間に地球上に沢山いると思います。

そして彼らは、お金のことなんて全く考えていないと思います。「生きて、明日も家族と話したい」「生きて、友達と遊びに行きたい」「生きて、生まれてくる孫に会いたい」「お金があればなぁ……」なんて考えてる人は、一人もいないと思います。

だから、生きている人達の中での「お金持ち」「貧乏」なんて話は、〝生きている〟という とんでもない幸運の上にある、ささやかな要素に過ぎません。つまり、今、生きていて、友達や家族や恋人と話したり、顔を見たりできていることがなによりの財産なんです。

僕は、今この瞬間を全力で楽しんで、近くにいる大切な人に全力で愛情を注いで、眠たい目をこすってでも仕事をして、〝生きている〟という最高の財産を無駄にしないように日々を送りたいと思っています。けど全員が一日一日にそんなに気持ちを込めていたら疲れてしまうこともあると思います。だからたまには僕のことを思い出して、「ひゅうがは今日も全力で生きてるんだなぁ」とか、「私も、今日は大事な人に感謝を伝えようかな」とか、「眠いけど恋人に会いに行こうかな」とか、「好きなアイドルのイベントに行ってみようかな」とか、やりたいな、やってあげたいなと思っていることをやってみてください！

それがこの世界に生まれてこられたという人生最大のプレゼントの使い方だと思います。

考え方や感じ方は人それぞれだと思うけど、人生で後悔したい人はきっといないと思うので、前を向いて全力で生きていってほしいです！

#12 兄ちゃんへ

僕は北海道で生まれ、すぐに新潟県に引っ越して、幼少期の大半を過ごしました。

今住んでいる東京とは違って自転車を少し走らせれば自然が沢山ある、世間では「田舎」と呼ばれるような場所で育ちました。

新潟ではザリガニを取りに水路に行ったり、カナヘビを捕まえに公園に行ったり、カブトムシを取りに山に行ったりと、自然と共存しながら虫取り少年のような格好をして遊び回っていました。いつも兄ちゃんの後ろにくっついて離れない、そんな子供でした。

僕の兄ちゃんは昔からとにかく僕に優しいんです。可愛がってくれて、遊びに連れて行ってくれて、僕はそんな優しい兄ちゃんのことが大好きで、兄ちゃんが友達と遊んでいるところにまで一緒について行ってしまったりもしていました。今考えると、よく許してくれていたなと思います。普通なら「お前は帰れ!」とか「ついて来んな!」とか言われるんじゃないかな。

そんなずっと後ろにくっついて遊んでもらっていた兄ちゃんが、小学生の時に交通事故にあいました。自転車で友達と競走していた時に勢い余って車道に飛び出してしまい、そのまま車に何メートルも弾き飛ばされてしまいました。僕は当時、まだ兄ちゃんたちの自転車をこぐスピードについていけなかったので、その日はたまたま置いていかれていました。ちょっとした事故なんかじゃない、大事故でした。

大好きで、いつも遊びに連れ回してくれていた兄ちゃんが何日も目を覚まさない。大好きで、いつも元気な兄ちゃんが一瞬にして僕の日常からいなくなってしまいました。僕はまだ小さかったので、状況が理解できずに「なんで今日お兄ちゃん、家に帰って来ないの?」「なんでお兄ちゃん、ずっと寝てるの?」「お母さん! お兄ちゃんはいつになったら一緒に遊べるの?」と、疑問をぶつけていました。いつも大らかで優しいお母さんも毎日不安そうな顔をしているし、お父さんは誰か知らない大人の人と難しい話をしていました。兄ちゃんが大好きな僕は遊ぶ人もいなくなり、お母さんとお父さんも毎日大変そうで、どうしたらいいかわかりませんでした。お母さんは毎日のようにお兄ちゃんの病室に泊まり込んで帰って来ないし、お父さんは仕事に行くから夜しかいないし、小さい僕は毎日怖くて、毎日不安で仕方がなかったです。

けど僕は、泣いたり、騒いだりはしませんでした。

僕よりも優しくて、いつも余裕のあるお母さんが泣いていました。僕よりも体が大きくて、力も強いお父さんが不安そうにしていました。そんな姿を見た僕は、「泣いちゃダメだ。俺が泣いたりしたら、お母さんがもっと大変になっちゃう。俺が寂しがったりしたら、お父さんは仕事に行けなくなっちゃう。頑張って元気に、兄ちゃんが元気になるのを待たなきゃ!」と思った記憶があります。小さい頃の記憶は全ては覚えていないけど、この時の出来事は幼い僕にはあまりにも衝撃的だったから覚えています。

そんな経験から僕は、「周りの人が辛そうな顔をしている時に、自分は辛そうな顔をしちゃいけない」と、すぐに思ってしまう人間になりました。人の泣いているところを見ると、強い気持ちを持ってしっかりしなきゃと思う性格なので、今でも僕は人に泣いているところを見せてしまったら、周りにいる人に心配をかけて、無理させてしまうと瞬間的に判断してしまいます。そのせいかメンバーのみんなよりも人前で涙を流す回数は少ない気がします。だから、僕が泣いている時は、どうしても我慢できなくて涙が溢れ出てしまった時です。

僕のことをポジティブで、しっかりしていて頼れる男、なんて思ってくれてる人がきっといるのかなと思います。そんな性格を作り上げているのは、僕のこれまでの人生です。その中でもこの時の経験はものすごく大きいです。常に安全運転を心がけているのも、あの経験があるからだと思います。僕が人として褒めてもらうことが多い理由は、あの時の壮絶な経験を忘れないし、忘れられない性格だからなのかなと思います。

元から「いい人」なんていないし、生まれた瞬間から「しっかりしている人」なんていません。色んな経験をするから、人は大きくなれるし、成長できる。

あの時、兄ちゃんが車に轢《ひ》かれたことがよかったなんて口が裂けても言えません。けどそのショッキングな経験が自分を成長させてくれたと言うことはできます。あの時の経験が、僕を強がりで、人に心配をかけたくない性格にしたかもしれない。けど僕は自分の性格を、トラウマでこうなってしまったという最悪な思い出なんかにしたくありません。そんなことをしたら、兄ちゃんも父ちゃんも母ちゃんも更に傷ついてしまうから。あの時すでに心に傷を負った3人の僕の家族をもう傷つけないように、僕はこれからもどんなに恐ろしい経験も、トラウマも、プラスに変えて生きていってやろうと思っています。

僕は、性格がいいとかじゃないんです。ただ、家族に傷をつけたくないんです。だから色んな経験をして弱ってしまった心も、強みに変えると決めている。

とにかく生きててくれてよかったよ、兄ちゃん。あの時あなたが死んでしまっていたら、今の僕はないです。よく帰ってきてくれた。兄ちゃんが生死を彷徨《さまよ》うなんて経験は、正直怖くてたまらなかったです。けど、当事者の兄ちゃん。毎日病室で看病をしていた母ちゃん。心配で仕方ないのに警察官や弁護士と沢山手続きをしなきゃいけなくて、仕事にも行かなければならなかった父ちゃん。

そんなあなたたちに比べれば、僕はまだ大丈夫。そんな気持ちで恐怖に耐えていました。

僕は、これからも、素敵な思い出も最悪な思い出も、全ての出来事を糧に成長していきます。それが僕の人生です。辛くても、幸せでも、前を向かなきゃいけないことに変わりはないです。これから先の人生、辛いことも幸せなこともどちらも沢山あると思うけど、何があっても折れずに芯を持って生きていきたいと思います。

最後に兄ちゃん。もう轢かれないでくれよ。

#13 家族へ

正直、自分で言うのもなんだけど、俺は優しいし、明るいから、あんまり寂しいとかわがままとか言わないし、実際何があっても1人で解決できてしまいます。

そんな俺から唯一無理なお願いをするとしたら、ずっと元気に生きていてほしいです。

人間はいつか寿命が来て亡くなってしまうなんてことは知っています。もう何もわからない子供じゃないからね（笑）。けど俺はそれをふまえても、あなた達の死を「人はいつか死んでしまうから」と言って受け入れられるほど、人間が出来上がっていません。

俺がなんでも大丈夫なポジティブ男でいられる理由は、あなた達が生きていて、どんなに最悪なことがあっても、味方が一人もいなくなっても、帰る場所があって、会いに行けば絶対に優しく話を聞いてくれて、絶対に助けてくれる。そう知っているからです。

俺がいつも一人で何でも解決できるのは、あなた達が生きていてくれるからです。

俺は人生という旅をしている中で、リュックの一番奥に、落とさないように、傷がつかないように、大切にあなた達を仕舞っています。その気持ちがあるから、すぐ近くで勇気をくれているから、渡辺彪雅は最強でいられます。

だから無理なのはわかっているけど言わせてください。

ずっと、元気で生きていてください。

ずっと、帰ってきた俺に笑顔を見せてください。

ずっと、頑張った俺を褒めてください。


それほどに俺はあなた達を愛していて、必要としています。

これから先の人生、何が起きようが、俺にとってあなた達が俺の家族であり、一生の味方だと思っています。そして俺のことも何があっても一生味方で、全力で助けに来てくれるスーパーヒーローだと思ってください。

俺を産んだことを、俺を育てたことを、俺を連れ回して優しくしてくれたことを誇りに思ってもらえるように、これから先も毎日、最高に楽しく生きていきます。

あなた達に僕から、ずっと元気に生きていてほしいとお願いしたからには俺もあなた達より先にこの世からいなくなることは絶対にしません。あなた達にはこれから先もずっと、俺の「人生」という最高の映画を上映し続けます。

たまにトイレに行くのはいいけど、そのまま帰らずに席に戻ってずっと観ていてください。今まで観たどの映画より、これから観るどの映画より、最後まで最高だったと言わせます。そんな人生を送ることが、俺にできる一番の恩返しかなと勝手に思っています。

本当にいつもありがとう。これからもお互いに、ずっと幸せに楽しく生きていこうね！

大好きだぞ、母ちゃん、父ちゃん、兄ちゃん。俺の人生の土台は、あなた達家族です。

今日という日にもし嫌なことがあったなら
帰りに寄り道をしてみてほしい。
〝いつも通り〟を変えることで
人生が大きく変わる時があるから。
ほんの微調整で人生は大きく変わる。
何者でもない自分が怖くて変わりたい人がいると思う。
大きく変える必要はない。
少し変えるだけで人生は大きく変わるから

「自分はこう生きたい」って気持ちは捨てないでほしい。
もしかしたら亡くなっても生まれ変われるかもしれないけど、

今回のあなたの人生は今回だけ

人は、涙を流さないで生きていくことはできない生き物です。
弱さを隠さずに生きていることは、ものすごく強い人な証拠です。
それが僕はなかなかできないタイプなので、そういう人にものすごく惹かれます。
涙を流せる人は心から生きてる証拠。
やまと見てるとわかりやすいね。泣き虫だけどかっこいいっしょ

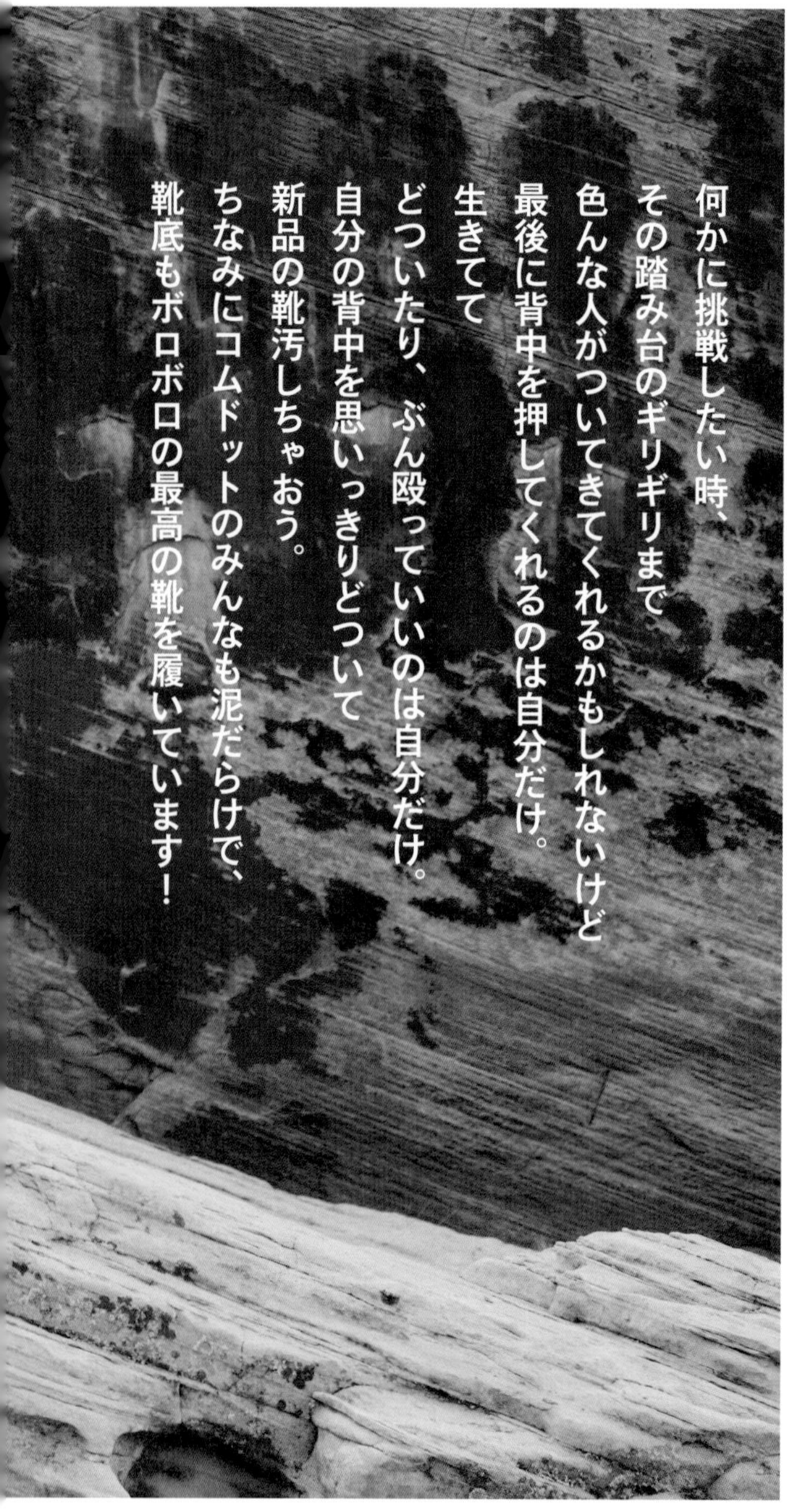

何かに挑戦したい時、
その踏み台のギリギリまで
色んな人がついてきてくれるかもしれないけど
最後に背中を押してくれるのは自分だけ。
生きてて
どついたり、ぶん殴っていいのは自分だけ。
自分の背中を思いっきりどついて
新品の靴汚しちゃおう。
ちなみにコムドットのみんなも泥だらけで、
靴底もボロボロの最高の靴を履いています！

人生においてもうダメかもしれないって
何回も思ったとしても
今、この文を読めているなら
あなたは結果的に大丈夫にできる人です。

今を生きられている人全員に
「あなたなら大丈夫」という言葉が当てはまる。
大丈夫だよ、みんな

「今日もいい一日だった」
人生、そう思えたらよくない？

おわりに

最後まで読んでくれて、本当にありがとうございます。

僕の書いた本に、大切な時間を使ってくれたことが嬉しくて仕方がないです。

この本の中身を見てくれた方ならわかっていると思いますが、僕は一度きりの人生、本気で生きて、本気で楽しんで、最高な人生にしてやる！と思いながら毎日生きています。

この本にはそんな人生を送るための考え方や気持ちを前向きな言葉にして沢山書きまくりました！　参考になるな、いい考え方だなって思ってくれた人、さすがにこんなに前向きに考えられないよ！って思った人、それぞれ色んな感情で読んでくれたと思います。

読んでいて心に仕舞いたくなった言葉があったら、大切に仕舞っておいてくれると嬉しいです。自分の人生に大切な言葉を持つという行為は、本当に素晴らしいことだと思うので。

僕のじいちゃんは癌になってしまい、自分でももう長くないとわかっていながら、亡くなる何日か前に、

「今が最高だ。そしてこれからもっと最高になる」

そんな、僕の人生を大きく変えてくれる強くて素敵な言葉をこの世に残してくれました。

本当に大好きな言葉です。

僕はこのじいちゃんの言葉に何度も助けられて、この言葉を自分の中に持っておけば無敵でいられる気すらしています。だから僕は寝る前に、「明日目が覚めて、また渡辺彪雅として人生を歩めればそれだけで大丈夫だ」って思ってます。

みんな、色んな悩み、不安を抱えて生きていると思うから、この言葉を掛けられることが絶対に嬉しいとか、ありがたいと思ってもらえるとは限らないと思うけど、人生、何があっても生きている限り大丈夫です！　絶対に大丈夫なんです！

これを読み終わったら、また明日の自分に会いに行きましょう。

あなたが一番会うべき人は、「明日の自分」です。

誰よりも会いたがっている明日の自分に会いに行ってあげてください。

難しく考える必要はないです。会いに行き続ければ、必ず幸せが待ってます。

僕も行ってくるので（笑）。

長い文章を最後まで読んでくれて、本当にありがとうございました！

読んでもらえて本当に嬉しいです！

また元気が欲しい時はいつでもこの本に戻ってきてください！

いつでも笑顔の僕が表紙で待っているので（笑）。

そして改めて、ひゅうが初書籍マジでおめでとう！！！！！

ということで、また次の一冊で！　バイビー！

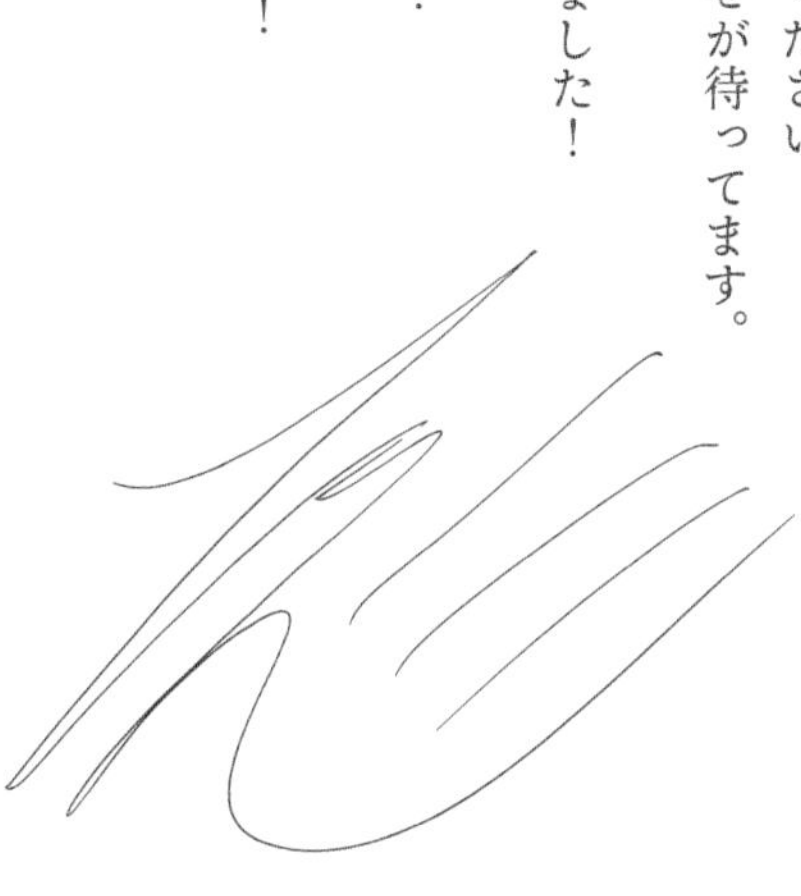

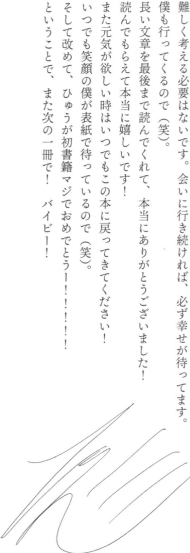

コムドットひゅうが

1998年11月17日北海道生まれのYouTuber。182㎝。コムドットの盛り上げ担当であり、人情味ヤンキー。普段はムードメーカーでありながら、みんなを引っ張り漢気溢れる存在である。怖い外見であるが、母や友達など人を誰よりも大事にする愛にアツい一面もある。中学校時代の5人組で『地元ノリを全国へ』というコンセプトで活動している。ブランドモデルをはじめ、YouTubeの枠を超え、活動の幅を広げている。

STAFF

撮影＝長山一樹［S-14］
高橋優也（p.53, p.55-57）
Kazumi Watanabe（p.58-61）
217...NINA（p.82-89）
スタイリング＝吉田ケイスケ
ヘアメイク＝大木利保［CONTINUE］
［in Los Angeles & Las Vegas］
コーディネーター＝山野恵、Masumi O Seales
ドライバー＝横江巧真、Mimi Wada
コムドットマネージャー＝ぼん、ごうた、まつげん、よね、とべ、リョーマ、ベルク、アーサー
ブックデザイン＝大久保有彩
編集＝小寺智子

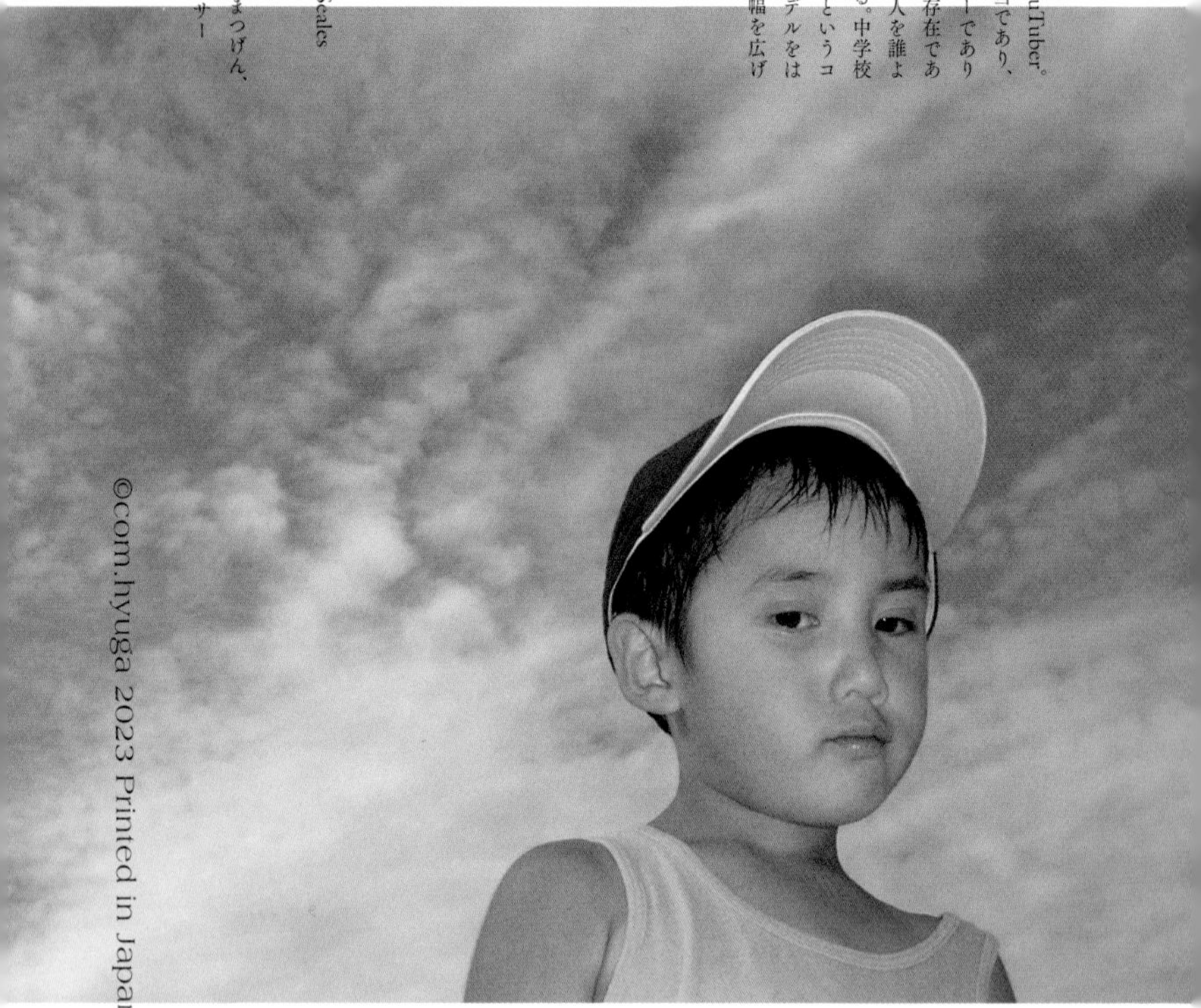

©com.hyuga 2023 Printed in Japan
ISBN 978-4-06-531855-3

漢道《おとこみち》

2023年8月30日 第1刷発行
2023年11月6日 第3刷発行

著者 コムドットひゅうが

発行者 清田則子

発行所 株式会社講談社
〒112-8001
東京都文京区音羽2-12-21
TEL 03-5395-3454（編集）
03-5395-3606（販売）
03-5395-3615（業務）

印刷所 TOPPAN株式会社

製本所 大口製本印刷株式会社

KODANSHA

落丁本、乱丁本は購入書店名を明記の上、小社業務あてにお送りください。送料小社負担にてお取り替えいたします。なお、本書の内容についてのお問い合わせはアーティスト企画チーム宛にお願いいたします。定価はカバーに表示してあります。本書のコピー、スキャン、デジタル化等の無断複製は著作権法上での例外を除き禁じられています。本書を代行業者等の第三者に依頼してスキャンやデジタル化することはたとえ個人や家庭内の利用でも著作権法違反です。